PANTENT

我国高校与科研院所专利价值研究

以贵阳为例

刘 启◎著

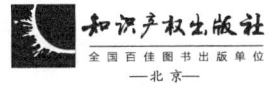
全国百佳图书出版单位
——北京——

图书在版编目（CIP）数据

我国高校与科研院所专利价值研究：以贵阳为例／刘启著. -- 北京：知识产权出版社，2025.8. -- ISBN 978-7-5245-0127-5

Ⅰ.G306

中国国家版本馆 CIP 数据核字第 202575HH75 号

内容提要

本书以我国贵州省贵阳市高校与科研院所有效专利为研究对象，在梳理清楚高校与科研院所的专利转化成果现状和问题的前提下，以专利信息资源利用和专利分析为基础，融合相关非专利信息，通过统计分析、专利成果分组与可实施性评价，以为我国高校与科研院所专利质量提升的方向和举措，以及专利转化导航方案等给出建议。

责任编辑：王玉茂　章鹿野　　　　　责任校对：王　岩
封面设计：杨杨工作室·张　冀　　　　责任印制：孙婷婷

我国高校与科研院所专利价值研究：以贵阳为例
刘　启　著

出版发行：	知识产权出版社有限责任公司	网　　址：	http://www.ipph.cn
社　　址：	北京市海淀区气象路50号院	邮　　编：	100081
责编电话：	010-82000860 转 8338	责编邮箱：	zhluye@163.com
发行电话：	010-82000860 转 8101/8102	发行传真：	010-82000893/82005070/82000270
印　　刷：	北京九州迅驰传媒文化有限公司	经　　销：	新华书店、各大网上书店及相关专业书店
开　　本：	787mm×1092mm　1/16	印　　张：	13.25
版　　次：	2025年8月第1版	印　　次：	2025年8月第1次印刷
字　　数：	232 千字	定　　价：	88.00 元

ISBN 978-7-5245-0127-5

出版权专有　侵权必究

如有印装质量问题，本社负责调换。

前 言
PREFACE

当前,我国极为重视专利成果转化,但是我国高校与科研院所由于存在专利信息利用程度低、专利导航分析不足、专利技术与市场脱节等问题,因此难以与企业技术需求形成高效匹配的关系。贵州省专利创造能力排名靠前的高校与科研院所主要位于贵阳市,如何通过制定评价指标体系,开展专利导航分析研究,提出针对性的、可实施的专利成果转化导航方案,从而促进高校与科研院所的专利成果转化应用,成为现阶段面临的重要课题。

基于贵阳市尚有大量专利的价值没有完全得到发掘,专利信息利用程度较低、专利导航分析不足的问题,贵阳学院作为贵阳市市属全日制普通本科高等学校,有责任为走出当前困境起到带头作用。本书以贵阳市高校与科研院所有效专利为研究对象,并以贵阳市高校与科研院所为例在梳理高校与科研院所的专利转化成果现状和问题的基础上,以专利信息资源利用和专利分析为基础,融合相关非专利信息,通过统计分析、专利成果分组与可实施性评价,为贵阳市高校与科研院所专利成果转化导航方案以及质量提升方向和举措提出建议。

总体来说,贵州省近年来对专利、技术成果的转化极为重视,专门出台多项政策,从资金支持、制度建立、服务机构培养、平台构建、人才激励等方面,多措并举,促进专利转化工作的开展,为专利转化营造良好的政策环境。

由于贵阳市高校与科研院所具备工业化能力的转化团队稀缺、科研人员对工业化过程存在一定的认知隔阂、高校与科研院所专利与企业技术需求不匹配、缺乏标准化和专业化的专利价值评估与质押融资服务人才和平台等,因此其专利转化存在成果转化信息对接不顺畅、专业的转化团队需求大、专利转化前价值评估工作不完善等问题。当前有效开展专利转化工作也存在促进转化的市场机制缺失、转化不确定性使交易潜藏风险、专利持有人和资金持有人的对接不顺畅等瓶颈，同时高校与科研院所的考核制度以及研究人员、技术转移部门均对专利转化工作的开展存在影响。从专利评价体系对贵阳市高校与科研院所有效专利的评价来看，不同专利质量对专利成果转化有着巨大的影响，专利质量与专利成果转化呈现明显的正相关，高质量、高价值的专利更有可能开展专利成果转化。

经笔者检索发现，贵阳市高校与科研院所有效专利中，绝大部分专利是普通专利，占专利总量的七成以上，核心专利接近一成，低价值专利整体比例较小。仪器仪表制造、设备修理和医疗仪器领域是有效专利中占比最多的技术领域，化工、木材、非金属加工专用设备制造，专用设备修理，印刷、制药、日化及日用品生产专用设备制造领域的核心专利占比较高。

贵阳市高校与科研院所专利成果转化中有七成以上专利为核心专利或重要专利，没有低价值专利进行转化，仪器仪表制造、设备修理、化学品制造、专用设备制造是专利转化的主要领域，其中专用设备修理，专用化学产品制造，化工、木材、非金属加工专用设备制造，采矿、冶金、建筑专用设备制造，合成材料制造领域的核心专利占比较高，且高于专利转化整体的平均值。

而在贵阳学院有效专利中，绝大部分专利是普通专利，占专利总量的八成以上。核心专利、重要专利主要分布于化工、木材、非金属加工设备制造，其他仪器仪表制造业，以及专用设备修理领域，可成为贵阳学院构建以核心专利、重要专利为中心的专利组合，进而开展专利转化的主要工作方向。

本书首先围绕健康医药制造产业、蔬菜产业、烟草产业、生态种植产业、食用菌产业、中药材产业、生态特色食品产业、优质粮食产业、水果产业、铝及铝加工产业、磷化工产业、软件信息技术服务产业、先进装备制造产业，筛选出共计56个基于核心专利的专利组合；其次通过优中选优的过程，获得14个具有优先转化价值的专利组合；最后对筛选出的专利组合，开展专利组合权利稳定性、技术先进性、技术可替代性、技术可实施性以及技术研发成本初步核算等评价工作。从评价结果来看，CN201611081229.8组合技术、CN201711369328.0组合技术、CN201210365888.X组合技术、CN202111086019.9组合技术、CN201810715453.0组合技术的转化实施价值最高。

本书对清华大学技术产业化落地、上海大学探索专利转化新途径、湖南大学专利转化全流程服务体系推进、北京大学探索专利开放许可的有效路径、贵州医科大学校企合作专利科技成果作价入股、中国科学院青岛生物能源与过程研究所专利转化深度融通模式案例进行详细分析，并总结案例成功经验。可以看出，我国高校与科研院所今后开展专利转化工作，可围绕提升科技成果成熟度，构建专业化的技术转化服务机构与队伍，打造多层次的创新生态体系三个方面着手。

本书还给出贵阳市高校与科研院所的专利转化建议，包括专利转化政策的完善、专利转化机制的建立与完善、有效专利运用的解决路径、专利转化特色化推进机制、技术研发过程中的风险识别与规避、专利组合转化应用导向目录、专利挖掘布局与高价值专利培育、专利可实施性提升路径。

目 录
CONTENTS

第1章 贵阳市高校与科研院所专利转化现状和问题分析 ·················· 1

  1.1 贵阳市代表性高校与科研院所基本情况 ·················· 1

    1.1.1 贵州大学 ·················· 1

    1.1.2 贵州师范大学 ·················· 2

    1.1.3 贵州民族大学 ·················· 2

    1.1.4 贵阳学院 ·················· 3

    1.1.5 贵州中医药大学 ·················· 4

    1.1.6 贵州医科大学 ·················· 4

    1.1.7 贵州省天然产物研究中心 ·················· 5

    1.1.8 贵州省农业科学院 ·················· 6

    1.1.9 贵州科学院 ·················· 11

    1.1.10 贵州省材料产业技术研究院 ·················· 16

    1.1.11 贵州省林业科学研究院 ·················· 16

    1.1.12 中国科学院地球化学研究所 ·················· 17

  1.2 我国代表性高校与科研院所专利转化现状 ·················· 17

  1.3 贵阳市高校与科研院所专利转化存在的主要问题 ·················· 19

  1.4 贵阳市高校与科研院所专利转化问题分析 ·················· 21

    1.4.1 制约专利转化的主要因素分析 ·················· 21

    1.4.2 专利转化遇到的瓶颈分析 ·················· 22

    1.4.3 专利转化影响因素分析 ·················· 23

    1.4.4 不同专利质量问题对专利转化的影响分析 ·················· 24

  1.5 贵阳市专利转化政策环境现状 ·················· 24

  1.6 贵阳市重点产业发展情况及产业发展技术需求 ·················· 27

  1.6.1 贵阳市与周边城市重点产业发展情况与对比 ······················· 27
  1.6.2 贵阳市重点产业发展方向及对专利运用的需求 ··················· 33

第 2 章 贵阳市高校与科研院所有效专利分类分级评价 ······················· 36
2.1 贵阳市高校与科研院所有效专利统计情况 ·························· 36
2.2 专利评价体系 ··· 37
  2.2.1 专利评价体系简介 ··· 37
  2.2.2 发明专利和实用新型专利评价指标体系 ··························· 39
  2.2.3 外观设计专利评价指标体系 ·· 43
  2.2.4 专利分级标准 ·· 45
2.3 专利评价结果及分析 ·· 45
  2.3.1 整体专利评价结果 ··· 45
  2.3.2 转化专利评价结果 ··· 48
2.4 贵阳学院专利资源分级分类评价 ·· 51

第 3 章 贵阳市高校与科研院所专利组合分析 ······································ 54
3.1 贵阳市高校与科研院所专利组合及价值评价体系构建理论 ·········· 54
  3.1.1 构建目的 ··· 54
  3.1.2 设计原则 ··· 55
  3.1.3 构建方法 ··· 55
3.2 贵阳市高校与科研院所专利组合及其价值评价体系构建实践 ······· 58
  3.2.1 核心领域专利集的确定 ·· 58
  3.2.2 核心专利的确定 ·· 61
  3.2.3 核心技术专利组合的确定 ··· 64
  3.2.4 核心技术专利组合的价值评价 ······································ 71
3.3 优先进行专利转化的专利组合分析 ·· 81
3.4 贵阳市高校与科研院所转化实施价值高的专利组合技术剖析 ······ 82
  3.4.1 CN201611081229.8 组合技术剖析 ······························· 83
  3.4.2 CN201711369328.0 组合技术剖析 ······························· 85
  3.4.3 CN201210365888.X 组合技术剖析 ······························ 87
  3.4.4 CN202111086019.9 组合技术剖析 ······························· 87
  3.4.5 CN201810715453.0 组合技术剖析 ······························· 92

  3.4.6　CN202110569369.4 组合技术剖析 ································· 95
  3.4.7　CN201711222178.0 组合技术剖析 ································· 98
  3.4.8　CN202011318255.4 组合技术剖析 ································· 101
  3.4.9　CN201811164714.0 组合技术剖析 ································· 105
  3.4.10　CN202011139316.0 组合技术剖析 ································ 109

第 4 章　专利运用典型案例解析及经验总结 ································· 112
4.1　清华大学推动高温气冷堆核能技术产业化落地 ································· 112
  4.1.1　案例详情 ································· 112
  4.1.2　典型意义 ································· 113
  4.1.3　案例启示 ································· 113
4.2　上海交通大学探索"赋权+完成人实施"新途径 ································· 115
  4.2.1　案例详情 ································· 115
  4.2.2　典型意义 ································· 115
  4.2.3　案例启示 ································· 116
4.3　湖南大学专利转化全流程服务体系推进新技术落地转化 ································· 117
  4.3.1　案例详情 ································· 117
  4.3.2　典型意义 ································· 118
  4.3.3　案例启示 ································· 119
4.4　北京大学探索出专利开放许可的有效路径 ································· 120
  4.4.1　案例详情 ································· 120
  4.4.2　典型意义 ································· 121
  4.4.3　案例启示 ································· 121
4.5　贵州医科大学"技术股+现金股"获转化收益 ································· 122
  4.5.1　案例详情 ································· 122
  4.5.2　典型意义 ································· 123
  4.5.3　案例启示 ································· 124
4.6　中国科学院青岛生物能源与过程研究所多要素全链条成果转化深度融通模式 ································· 125
  4.6.1　案例详情 ································· 125
  4.6.2　典型意义 ································· 126

  4.6.3 案例启示 ·· 126
 4.7 高校与科研院所专利运用经验总结 ································ 127

第5章 贵阳市高校与科研院所专利转化建议 ·························· 130

 5.1 专利转化政策的完善 ·· 130
  5.1.1 细化和落实专利转化政策 ···································· 130
  5.1.2 建立高校与科研院所专利转化"试点" ························ 131
  5.1.3 鼓励专利开放许可 ·· 131
  5.1.4 搭建转化载体，推进优秀专利项目转化实施 ···················· 132
  5.1.5 完善人才评聘体系 ·· 133
  5.1.6 优化专利资助奖励政策 ······································ 133
 5.2 促进专利转化机制的建立与完善 ·································· 133
 5.3 有效专利运用解决路径 ·· 134
  5.3.1 开展产学研合作 ·· 134
  5.3.2 构建有效专利分级分类评价体系 ······························ 135
  5.3.3 完善专利申请前评估制度 ···································· 135
  5.3.4 开展专利运营专项工作 ······································ 136
  5.3.5 实施科技成果转化概念验证计划 ······························ 137
  5.3.6 构建全链条制度体系 ·· 137
  5.3.7 组建"课题组专员＋专业机构人员"的专门服务队伍 ············ 138
 5.4 专利转化特色化推进机制 ·· 138
 5.5 技术研发过程中的风险识别与规避 ································ 139
  5.5.1 风险识别 ·· 139
  5.5.2 风险规避措施 ·· 141
  5.5.3 易侵权专利纠纷预警 ·· 142
 5.6 专利组合转化应用导向目录 ······································ 143
  5.6.1 烟草产业专利组合 ·· 144
  5.6.2 健康医药制造产业专利组合 ·································· 147
  5.6.3 生态种植产业专利组合 ······································ 148
  5.6.4 生态特色食品产业专利组合 ·································· 150
  5.6.5 食用菌产业专利组合 ·· 153

5.6.6　软件信息技术服务产业专利组合 …………………………………… 155
　　5.6.7　磷化工产业专利组合 …………………………………………………… 157
　　5.6.8　先进装备制造产业专利组合 …………………………………………… 158
　　5.6.9　铝及铝加工产业专利组合 ……………………………………………… 159
　5.7　专利挖掘布局与高价值专利培育 …………………………………………… 160
　　5.7.1　课题立项前的查新及环境调查 ………………………………………… 160
　　5.7.2　课题实施中的监控与专利布局设计 …………………………………… 161
　　5.7.3　课题完成后的专利布局与专利培育 …………………………………… 161
　　5.7.4　专利挖掘布局与高价值专利培育方案建议 …………………………… 162
　5.8　专利可实施性提升路径 ……………………………………………………… 163
　　5.8.1　强化高校、科研院所与企业联合研发 ………………………………… 163
　　5.8.2　完善研发预期评价 ……………………………………………………… 164
参考文献 ……………………………………………………………………………… 165
附录1　贵州省（以贵阳市为主）专利转化相关政策 …………………………… 167
附录2　贵州省促进科技成果转化条例 …………………………………………… 174
附录3　贵州省知识产权创造运用促进资助办法 ………………………………… 184
附录4　贵州省知识产权高质量发展资助办法 …………………………………… 191

第1章 贵阳市高校与科研院所专利转化现状和问题分析

1.1 贵阳市代表性高校与科研院所基本情况

贵阳市作为贵州省省会，在高等教育和科研领域拥有多所实力强劲的高校与科研院所。其中，贵州大学作为领军机构，拥有多个国家级和省级重点学科，以及一系列顶尖人才和科研平台，与我国多所知名高校和企业建立了合作关系。贵州师范大学和贵州民族大学也在学科建设、科研平台和教师队伍方面展现出显著优势。贵阳学院、贵州中医药大学和贵州医科大学则分别在不同学科领域和科研方向上有所建树，拥有各自的特色科研平台和优秀成果。此外，贵州省天然产物研究中心、贵州省农业科学院、贵州科学院等科研院所经过多年深耕，得了丰硕的科研成果，会聚了众多高层次人才，通过下属的科研院所开展多元化的科研工作，并与外部高校与科研院所保持交流与合作。

1.1.1 贵州大学[1]

截至2025年3月，贵州大学拥有世界一流建设学科1个、国家级重点学科1个、国内一流建设学科11个、区域一流建设学科10个；基本学科指标（ESI）全球前1%学科9个；一级学科博士学位授权点22个、专业博士学位授权点4个；一级学科硕士学位授权点50个、专业硕士学位授权点28个。

---

[1] 贵州大学. 学校简介 [EB/OL]. [2025–03–15]. https://www.gzu.edu.cn/5/list.htm.

贵州大学是浙江大学、中国农业大学、华东师范大学对口合作建设高校；学校积极推动贵州高等教育发展，与贵州省9个市（州）高校开展对口合作，同时还与中国科学院国家天文台、贵州茅台酒股份有限公司、北京大北农科技集团股份有限公司、广西田园生化股份有限公司、贵州磷化（集团）有限责任公司、贵州中烟工业有限责任公司、贵阳农业农垦投资发展集团、江苏丰山集团股份有限公司等500多家企业和科研院所签订了全面合作协议；实施贵州省"三区"科技人才支持、"科技特派员行动"、"博士村长"和"教授、博士进企业"等行动计划，深化校地、校企合作，提升合作层次，校地合作覆盖贵州省多个市（州）。

1.1.2 贵州师范大学[1]

截至2025年2月，贵州师范大学设有27个学院、1个继续教育学院。学校专业门类齐全，涵盖哲学、文学、教育学、工学、理学等12个学科门类；拥有4个国内一流建设学科、7个贵州省区域内一流建设学科、2个世界一流建设学科，另外还有1个国内一流建设学科，10个一级学科博士学位授权点、25个一级学科硕士学位授权点、25个硕士专业学位授权点。

学校还拥有国家工程技术研究中心、国家地方联合工程实验室、国家级大学科技园等国家级科研平台9个；省级重点实验室、贵州省高校人文社科研究基地、省级工程实验室、省级协同创新中心、省级天文研究与教育中心等省级科研平台40余个，省级科技创新人才团队17个。

1.1.3 贵州民族大学[2]

截至2024年10月，贵州民族大学拥有专任教师1322人，其中正高职称人员206人，副高职称人员661人，具有博士学位人员611人，研究生指导教师938人。学校学科专业齐全，有1个一级学科博士学位授权点、1个服务国家特殊需求博士人才培养项目、11个一级学科硕士学位授权点、21个专业硕士学位授权点；有65个普通本科专业招生；有1个国内一流建设学科、6个贵州省区域

---

[1] 贵州师范大学. 学校简介 [EB/OL]. [2025-03-15]. https://gznu.edu.cn/xxgk/xxjj.htm.
[2] 贵州民族大学. 学校简介 [EB/OL]. [2025-03-15]. https://www.gzmu.edu.cn/xxjj/xxjj.htm.

内一流建设学科、4个国家民族事务委员会重点学科、12个省级重点学科（其中5个省级特色重点学科），2个学科被列入"贵州省普通高等学校理工科学科专业建设强化行动"重点支持学科；有12个国家一流本科专业建设点、22个省级一流本科专业建设点、9个省级专业综合改革试点、1个国家一流本科课程建设点，3个区域一流课程群。

学校建有各级各类科研平台和团队70余个，主要包括省部共建协同创新中心1个，教育部民族教育发展中心重点研究基地1个，国家民族事务委员会中华民族共同体研究基地、人文社会科学重点研究基地、重点实验室等7个，中国工艺美术大师传承创新基地1个，贵州省教育厅协同创新中心、高校人文社会科学重点研究基地、高等学校特色重点实验室、高等学校工程研究中心、创新人才团队、产学研基地、高校哲学社会科学实验室等26个，贵州省科技厅众创空间、重点实验室、创新人才团队等10个，贵州省社科联哲学社会科学"十大创新团队"、人文社科示范基地、社会科学学术先锋号等16个，贵州省发展和改革委员会工程研究中心1个。

1.1.4 贵阳学院❶

截至2025年2月，贵阳学院拥有教职工951人，其中专任教师724人，具有博士学位的专任教师243人，副教授以上职称472人。学校设有17个专业学院和1个继续教育学院，涵盖了理学、工学、文学、法学、管理学、教育学、艺术学、经济学、哲学和交叉学科等。按照国务院学位委员办公室和教育部于2022年印发的《研究生教育学科专业目录》，学校研究生教育体系已经覆盖了除了历史学、医学和军事学的14个学科专业类别，已基本建成相对完善的本科和硕士层次的学科专业人才培养体系。学校拥有2个贵州省区域内一流建设学科、1个省级特色重点学科、8个省级重点学科；1个国家级一流本科专业、1个国家级特色专业、12个省级一流本科专业、2个省级特色专业等。

学校设有多个国家级和省级的研究中心与实验室。学校获国家社会科学基金项目、国家艺术基金项目合计52项，国家自然科学基金项目65项；获省部级科

---

❶ 贵阳学院. 学校概况［EB/OL］.［2025-02-28］. https://www.gyu.edu.cn/xxgk/xxjj.htm.

研成果奖 55 项，建设有校内外实习实训基地 194 个；图书馆馆藏中外文纸质图书 115 万余册、电子书籍 211 万余册、数据库资源 36 个。

1.1.5 贵州中医药大学❶

截至 2025 年 3 月，贵州中医药大学设有第一临床医学院、第二临床医学院、基础医学院、药学院、针灸推拿学院、骨伤学院、护理学院、人文与管理学院、体育健康学院、信息工程学院、中医养生学院、马克思主义学院、体育部、外语教学部、继续教育学院等 19 个直属院（部），中医、中药、民族医药等 10 个研究所；两所直属附属医院，均为三级甲等中医院，第一附属医院为"贵州省中医医院"，第二附属医院为"贵州省中西医结合医院"。2023 年 12 月接管并成立贵州中医药大学大学城医院（贵安新区大学城医院），该院为二级综合医院。

学校拥有专任教师 1582 人，其中博士以上学历 802 人，高级职称 823 人。学校的 37 个本科专业覆盖了医学、理学、工学、管理学、法学、教育学、农学 7 个学科门类。截至 2024 年 10 月，学校拥有博士学位授权一级学科 2 个、博士专业学位授权类别 1 个，硕士学位授权一级学科 4 个、硕士专业学位授权类别 11 个；有省部级以上重点学科 38 个，其中国家重点（培育）学科 1 个，国家中医药管理局高水平重点学科 5 个，国家中医药管理局重点学科 18 个，贵州省特色重点学科 4 个，贵州省重点学科 7 个，贵州省区域内一流建设学科 3 个；有国家级特色专业 4 个、国家级一流专业建设点 2 个等。

1.1.6 贵州医科大学❷

截至 2025 年 3 月，贵州医科大学拥有教学单位 21 个，本科专业 49 个。博士学位授权点 5 个，其中一级学科博士学位授权点 4 个（基础医学、公共卫生与预防医学、药学、临床医学），专业学位类别博士学位授权点 1 个（临床医学）。

---

❶ 贵州中医药大学. 学校简介 [EB/OL]. [2025–03–15]. https：//www.gzy.edu.cn/xxgk2/xxjj.htm.
❷ 贵州医科大学. 学校简介 [EB/OL]. [2025–03–15]. https：//www.gmc.edu.cn/xxgk/xxjj.htm.

硕士学位授权点20个，其中一级学科硕士学位授权点11个，专业学位类别硕士学位授权点9个。自主设置交叉学科博士学位授权点2个（分子医学、医学工程）、硕士学位授权点1个（智能医学）。学校拥有国内一流建设学科群1个，贵州省区域内一流建设学科5个，贵州省特色重点学科一级学科4个，贵州省重点学科一级学科2个；国家临床重点专科建设项目9个，博士后科研流动站3个。临床医学、药理学与毒理学、生物学与生物化学进入ESI全球前1%。国家级一流专业建设点10个，省级一流专业建设点20个。

学校拥有国家级科研创新平台9个，省部级科研创新平台63个。在地方病研究、中药民族药研发、组织工程干细胞生物医药研究、病原生物学研究、科研成果转化等领域特色明显。

1.1.7 贵州省天然产物研究中心[1]

贵州省天然产物研究中心始建于1998年，由贵州省政府和中国科学院共建。该中心于2015年与贵州医科大学整合，并由其代管。2016年12月，在省部共建国家重点实验培育基地的基础上，该中心整合贵州医科大学药学领域优质资源，以贵州医科大学为依托单位，申建获批省部共建药用植物功效与利用国家重点实验室。2022年7月，该中心更名为贵州省天然产物研究中心。

该中心以医药产业中的重大科学问题和关键技术问题为导向，开展区域性特色民族药基础研究及应用基础研究，解决特色药用生物资源保护与利用、民族药药效物质基础和民族药创新研究中的重大基础科学问题及关键技术问题，着重于功能天然产物研究，建立现代特色民族药物发现和发展阶段的"资源—质量—化学—药理—药物创新"综合性研究体系，促进民族医药相关学科的发展。

该中心针对我国喀斯特地区特色民族医药若干基础问题，利用国家重点实验室平台资源，以贵州医科大学为牵头单位，联合贵州中医药大学和遵义医科大学，通过构建药用资源适生性、繁育、化学成分、功能、机制和毒效机制等综合研究体系和建立喀斯特地区特色民族医药研究体系和综合性技术平台为项目目标

---

[1] 贵州省天然产物研究中心. 中心简介 [EB/OL]. [2024-12-15]. https://www.gzcnp.cn/dwgk/zxjj/.

任务，争取到了国家自然科学基金委员会的项目。

由该中心牵头，贵州百灵企业集团制药股份有限公司投资 3000 万元，与天津药物研究院有限公司、原中国人民解放军第 302 医院（该医院与军事医学研究院原附属医院于 2018 年 11 月合并为中国人民解放军总医院第五医学中心）合作的抗乙肝病毒一类新药替芬泰被列入了国家科技重大专项"重大新药创制"。该药物的研究成功，将有效促进贵州医药产业的发展，也为贵州民族药创新性研究提供新的思路和样板。该中心还紧密围绕生物资源利用研究、活性天然产物结构与功能研究和中药民族药新药研究三个方向开展了生物资源利用及其活性物质研究等工作。

1.1.8 贵州省农业科学院[1]

截至 2024 年 12 月，贵州省农业科学院已发展成为拥有 18 个专业研究所的省级农业综合科研院所，涵盖粮、油、果、蔬、茶、桑、药、畜牧、兽医、水产、土壤、肥料、植物保护、农业科技信息等 50 余个专业领域。18 个专业研究所概况如下。

（1）贵州省农业科学院草业研究所[2]

该研究所致力于牧草及饲料作物开发、草品种选育及配套技术集成、草地资源开发与高效养殖利用、生态治理、园林绿化、牧草种子加工及种子质量检测、国内外草新品种和新技术引进与示范推广、科技咨询等相关工作。

（2）贵州省农业科学院茶叶研究所[3]

该研究所内设资源育种与栽培研究室、病虫防控研究室、制茶研究室、分子生物研究室、中心实验室 5 个学科研究室，主要面向贵州省开展茶叶科技培训、科技扶贫与技术服务。

---

[1] 贵州省农业科学院. 贵州省农业科学院简介［EB/OL］.［2024-12-15］. http：//aas. guizhou. gov. cn/syqt/nkyjj_5832845/index. html.

[2] 贵州省农业科学院. 贵州省农业科学院草业研究所［EB/OL］.（2021-07-20）［2024-12-15］. https：//aas. guizhou. gov. cn/zfxxgk/fdzdgknr/jgjj/zsdw_5775017/202107/t20210720_69055320. html.

[3] 贵州省农业科学院. 贵州省农业科学院茶叶研究所［EB/OL］.（2021-07-03）［2024-12-15］. https：//aas. guizhou. gov. cn/zfxxgk/fdzdgknr/jgjj/zsdw_5775017/202107/t20210713_68998647. html.

(3) 贵州省农业科技信息研究所❶

该研究所工作职责涉及农业科技期刊编辑出版，文献网络运维服务、农业影视传媒制作、科技信息资源开发、农业技术推广信息服务、农业监测预警研究，作物模型、图像识别、智能感知和生产过程智慧化管理研究，农业大数据、农业设施设备智能调控、农业遥感、地理信息系统（GIS）空间分析评价、农产品全产业链信息化研究。建立有作物模拟模型、遥感与 GIS 等智慧农业实验室与数字农业试验基地，拥有植物效率分析仪、脉冲调制式荧光仪、涡度相关测量系统、垂直起降无人机等先进的仪器设备，具有农业生物－环境信息获取与解析、农业过程数字模型、农情遥感监测、农业空间 GIS 分析、农作物生产数字化管理、农田设施设备智能控制等技术研究的基础条件。

(4) 贵州省农业科学院畜牧兽医研究所❷

该研究所工作职责涉及开展畜禽种质资源创新与新品种选育、良种繁育、动物营养与饲料加工、动物疫病防控和畜产品质量与安全等学科的应用基础研究与技术示范推广。

(5) 贵州省农业科学院生物技术研究所❸

该研究所工作职责涉及开展农业生物技术和食品加工研究，促进农业科技事业发展。该研究所立足于贵州农业生产、农业结构调整和市场经济发展的实际需要，以农业生物技术、食品加工为主攻方向，从事农作物新品种选育，农作物、药用植物及其他植物细胞培养及组培快繁技术，药用植物有效成分萃取技术，农作物、动物及生物优异基因定位、转基因和开发利用应用基础研究；开展食品加工、储运、分析检测等技术研究及主食产品、休闲食品、功能食品等产品开发和推广，微生物应用技术研究及开发利用，新技术、新产品示范推广，相关技术培训和咨询服务，开展科普教育和国内外技术交流合作。

---

❶ 贵州省农业科学院. 贵州省农业科技信息研究所 [EB/OL]. (2021 - 07 - 03) [2024 - 12 - 15]. https：//aas. guizhou. gov. cn/zfxxgk/fdzdgknr/jgjj/zsdw_5775017/202107/t20210713_68990348. html.
❷ 贵州省农业科学院. 贵州省农业科学院畜牧兽医研究所 [EB/OL]. (2021 - 07 - 13) [2024 - 12 - 15]. https：//aas. guizhou. gov. cn/zfxxgk/fdzdgknr/jgjj/zsdw_5775017/202107/t20210713_68989103. html.
❸ 贵州省农业科学院. 贵州省农业科学院生物技术研究所 [EB/OL]. (2021 - 07 - 13) [2024 - 12 - 15]. https：//aas. guizhou. gov. cn/zfxxgk/fdzdgknr/jgjj/zsdw_5775017/202107/t20210713_68988492. html.

(6) 贵州省农业科学院亚热带作物研究所❶

该研究所工作职责涉及亚热带作物及生物质能源研究与技术开发，促进农业科技事业发展；开展甘蔗、果树、药材、香料、野生经济植物资源等热带地区生态环境建设及保护技术研究和开发利用；开展南亚热带作物试验示范及良种苗木培育和销售；进行南亚热带作物科技示范园和科普基地建设；开展南亚热带作物科技培训、咨询和相关服务；开展生物质能源植物品种资源收集选优、高效栽培技术、品种鉴选及示范、生理生化应用基础理论研究。

(7) 贵州省农业科学院植物保护研究所❷

该研究所工作职责涉及粮食、油料、果树、蔬菜、中药材等经济作物和园林绿地主要病虫草害的发生、发展规律及绿色防控的技术研究；开展病虫抗药性检测和治理、昆虫抗药性分子生物学研究，农作物品种抗病鉴定及抗原筛选，高效低毒、低残留及生物农药的研制、开发、示范和推广，植物保护、病虫草害防治、农药安全实用技术咨询、培训及服务；承担贵州省农药产品质量监督检验检测工作，农业农村部农药登记试验（药效和残留）；农产品中农药残留、生物毒素及重金属研究和检测。

(8) 贵州省农业科学院农作物品种资源研究所（现代中药材研究所）❸

该研究所工作职责涉及药用植物、药食兼用真菌等中药材资源的收集与保护、遗传育种与栽培技术、产业开发与综合利用研究，广泛开展粮、油作物种质资源的收集、保存、评价与创新利用研究；开展遗传多样性评价、安全保存技术研究以及数据库与信息化共享平台建设。该研究所内设粮食作物种质资源研究室、油料作物种质资源研究室、中药材研究室、真菌研究室、种质保存利用研究室等科室；建立了农业农村部作物基因资源与种质创制贵阳科学观测站、农业农村部植物新品种测试中心（贵阳）分中心等重要研发平台。

---

❶ 贵州省农业科学院. 贵州省农业科学院亚热带作物研究所［EB/OL］.（2021－07－13）［2024－12－15］. https：//aas. guizhou. gov. cn/zfxxgk/fdzdgknr/jgjj/zsdw_5775017/202107/t20210719_69052871. html.
❷ 贵州省农业科学院. 贵州省农业科学院植物保护研究所［EB/OL］.（2021－07－09）［2024－12－15］. https：//aas. guizhou. gov. cn/zfxxgk/fdzdgknr/jgjj/zsdw_5775017/202107/t20210709_68966131. html.
❸ 贵州省农业科学院. 贵州省农业科学院农作物品种资源研究所（现代中药材研究所）［EB/OL］.（2021－07－09）［2024－12－15］. https：//aas. guizhou. gov. cn/zfxxgk/fdzdgknr/jgjj/zsdw_5775017/202107/t20210709_68965538. html.

(9) 贵州省农业科学院蚕业（辣椒）研究所❶

该研究所工作职责涉及蚕桑、辣椒种质资源的鉴定评价、材料创新、新品种选育；桑树生态栽培、多元化利用；家蚕优良、特色及抗病新品种选育，高效省力化饲养；辣椒生理生化、安全高效栽培、贮藏与产品深加工等方面工作。建有家蚕基因组生物学国家重点实验室－贵州高原生态蚕桑实验中心、国家蚕桑产业技术体系贵阳综合试验站、国家特色蔬菜产业技术体系遵义综合试验站、贵州省辣椒产业技术体系、贵州省辣椒育种与栽培工程技术研究中心、贵州辣椒种质资源中期库等研发创新平台6个。

(10) 贵州省农业科学院油菜研究所❷

该研究所工作职责涉及油菜、紫苏、特优油料作物及水稻、玉米、蔬菜等品种资源、育种材料分子及遗传研究、基因发掘、遗传机理解析、种质创新、新品种选育、杂交组合配制、新品种推广应用及优质食用油研发；开展种子品质分析与种子检验，以及种子加工、贮藏、运输技术研究；制定不同区域和栽培方式下丰产技术措施，负责育成新品种的区域、生产、品种比较试验及示范推广，开展农业相关的技术培训和咨询服务。

(11) 贵州省农业科学院油料研究所❸

该研究所工作职责涉及油料、香料科学技术研究和技术服务，以促进农业科技事业发展。

(12) 贵州省农业科学院现代农业发展研究所❹

该研究所工作职责以"农产品贮藏加工"、"蜜蜂资源研究与利用"和"农业政策研究"三个学科为研究方向建设研究团队，并与涉农企业、农业园区和生产基地形成紧密合作的产学研联盟，为贵州省农业产业发展提供技术支撑和咨询服务。

---

❶ 贵州省农业科学院. 贵州省农业科学院蚕业（辣椒）研究所［EB/OL］.（2021－07－09）［2024－12－15］. https：//aas. guizhou. gov. cn/zfxxgk/fdzdgknr/jgjj/zsdw_5775017/202107/t20210709_68964076. html.
❷ 贵州省农业科学院. 贵州省农业科学院油菜研究所［EB/OL］.（2021－07－09）［2024－12－15］. https：//aas. guizhou. gov. cn/zfxxgk/fdzdgknr/jgjj/zsdw_5775017/202107/t20210709_68963817. html.
❸ 贵州省农业科学院. 贵州省农业科学院油料研究所［EB/OL］.（2018－08－15）［2024－12－15］. https：//aas. guizhou. gov. cn/zfxxgk/fdzdgknr/jgjj/zsdw_5775017/202103/t20210322_67267878. html.
❹ 贵州省农业科学院. 贵州省农业科学院现代农业发展研究所［EB/OL］.（2018－05－10）［2024－12－15］. https：//aas. guizhou. gov. cn/zfxxgk/fdzdgknr/jgjj/zsdw_5775017/202110/t20211026_71216290. html.

（13）贵州省农业科学院土壤肥料研究所❶

该研究所工作职责涉及土壤肥料、农业资源与环境科学研究。其业务范围涵盖农业资源可持续利用研究与评价；农业资源污染治理与防治技术、种植业可持续养分管理与农业标准化养分调控、节水农业与耕作栽培技术研究；新型肥料与农业微生物制剂研制，农业标准化生产技术体系建设，农业资源、环境质量、农产品质量检测及评价，新产品和新型农业配套技术的示范推广。该研究所是贵州省省级公益性农业科研院所，是贵州省唯一以农业资源合理利用、农业环境保护等为主要研究对象和内容的省级公益性农业科研院所。

（14）贵州省农业科学院园艺研究所❷

该研究所工作职责以园艺作物应用研究、应用基础研究和产业化技术开发研究为主攻方向，具体开展的工作包括：①品种相关方面，涵盖果树、蔬菜、花卉新品种选育及引种，品种区域试验，品种资源收集、整理、保存及利用，高新技术在育种上的应用；②技术研究方面，涉及新技术研究，高产及超高产栽培，无公害、绿色和有机食品配套栽培技术与产业化，园艺产品的生产、加工、保鲜、储运等研究；③技术推广与服务方面，包含新品种、新技术、新产品示范推广，技术培训、技术咨询服务；④交流与发展方面，开展国内外科技交流与合作，以及特色农业和农业可持续发展研究。

（15）贵州省农业科学院水产研究所❸

该研究所工作职责涉及渔业自然资源调查研究与开发利用，渔业水质检测；鱼类及其他优质水产新品种引进与选育，鱼苗鱼种培育及水产养殖病害防治；开展池塘养鱼、流水养鱼、生态渔业、设施渔业、稻田综合种养、大水面生态渔业、水产品加工与贮藏等配套技术研究，鱼药及饲料研制，新品种、新产品的示范推广；开展水产养殖新技术培训和咨询；开展科普教育和国内外技术交流合作；协助有关部门制定省级水产养殖技术产品质量标准。该研究所是从事淡水养殖技术研究与推广应用的公益性省级科研院所，是国家大宗淡水鱼产业技术体系

---

❶ 贵州省农业科学院.贵州省农业科学院土壤肥料研究所［EB/OL］.（2017-01-01）［2024-12-15］.https：//aas.guizhou.gov.cn/zfxxgk/fdzdgknr/jgjj/zsdw_5775017/202103/t20210322_67267957.html.
❷ 贵州省农业科学院.贵州省农业科学院园艺研究所［EB/OL］.（2015-06-09）［2024-12-15］.https：//aas.guizhou.gov.cn/zfxxgk/fdzdgknr/jgjj/zsdw_5775017/202010/t20201010_63960566.html.
❸ 贵州省农业科学院.贵州省农业科学院水产研究所［EB/OL］.（2015-06-08）［2024-12-15］.https：//aas.guizhou.gov.cn/zfxxgk/fdzdgknr/jgjj/zsdw_5775017/202010/t20201010_63960568.html.

贵阳综合试验站、国家特色淡水鱼产业技术体系贵阳综合试验站、贵州省特色水产业技术体系依托单位。

（16）贵州省农业科学院果树科学（柑橘/火龙果）研究所❶

该研究所工作职责涉及果树资源利用、新品种选育及栽培技术研究与推广，果树生产、病虫害综合防治和种苗繁育技术研究，果品加工、贮藏、保鲜和运输技术研究；开展研究成果转化和产业经济、技术咨询服务等相关工作。

（17）贵州省农业科学院旱粮（高粱）研究所❷

该研究所工作职责涉及旱粮作物新品种（组合）选育和引进、配套制种技术与高产优质配套栽培技术，旱粮作物有益种质收集、整理、保存及基因筛选、鉴定和利用，玉米鲜食、饲料用途的应用等研究；旱粮作物品质分析测试、监测与标准化体系建设；食品加工、农产品深加工等方面研究。

（18）贵州省农业科学院水稻研究所❸

该研究所工作职责涉及水稻遗传育种、杂种优势利用、稻米品质、良种繁（制）种技术、功能基因发掘及应用、优质高产高效配套栽培技术研究，技术培训和咨询服务，承担国家和省级区域试验。

1.1.9 贵州科学院❹

截至 2024 年 12 月，贵州科学院全院共有职工 1108 人，其中专业技术人员 918 人，高级职称 263 人，高级职称占专业技术人员的 28.65%。该科学院承担了各类科技项目，并取得一系列科技成果；与华南农业大学、广东省科学院等科研机构进行交流，开展院地、院企等合作，与贵州省教育厅、贵州省大数据发展管理局、贵州省科学技术协会、贵州理工学院、贵州北极熊实业有限公司、贵州

---

❶ 贵州省农业科学院. 贵州省农业科学院果树科学（柑橘/火龙果）研究所 [EB/OL]. (2015-06-05) [2024-12-15]. https://aas.guizhou.gov.cn/zfxxgk/fdzdgknr/jgjj/zsdw_5775017/202010/t20201010_63960571.html.

❷ 贵州省农业科学院. 贵州省农业科学院旱粮（高粱）研究所 [EB/OL]. (2015-06-01) [2024-12-15]. https://aas.guizhou.gov.cn/zfxxgk/fdzdgknr/jgjj/zsdw_5775017/202010/t20201010_63960569.html.

❸ 贵州省农业科学院. 贵州省农业科学院水稻研究所 [EB/OL]. (2015-06-01) [2024-12-15]. https://aas.guizhou.gov.cn/zfxxgk/fdzdgknr/jgjj/zsdw_5775017/202010/t20201010_63960570.html.

❹ 贵州科学院. 贵州科学院简介 [EB/OL]. (2025-05-23) [2025-06-04]. https://gzas.guizhou.gov.cn/zzjg/yqjs/202505/t20250523_87912223.html.

好一多乳业股份有限公司等签订合作协议。

贵州科学院下属多家科研院所，包括贵州省分析测试研究院、贵州省山地资源研究所、贵州省植物园、贵州省生物研究所、贵州科学院先进技术与材料研究所、贵州省检测技术研究应用中心、贵州省化工研究院、贵州省冶金化工研究所、贵州省新技术研究所、贵州省机电研究设计院、贵州省新材料研究开发基地、贵州省轻工业科学研究所、贵州省电子工业研究所、贵州省工艺美术研究所。贵州科学院下属各科研院所概况如下。

（1）贵州省分析测试研究院❶

该研究院是贵州省一所以应用技术研究为主的现代分析测试科学研究机构，工作职责涉及在健康医药、食品安全、公共安全、环境生态、建工建材等领域开展分析测试科学研究、技术服务和成果转化，质量鉴定、认证与评价。

（2）贵州省山地资源研究所❷

该研究所工作职责涉及喀斯特资源与生态环境研究，研究领域包括喀斯特与洞穴、水文水资源、遥感与地理信息科学、喀斯特生态环境等。截至2023年7月，该研究所拥有高级专业技术职称33人，博士研究生12人；拥有省级工程技术研究中心2个，省级人才团队1个；先后主持完成国家重点研发计划、国家自然科学基金项目、贵州省科技计划及国际合作项目等500多项；获得各类科技成果奖70多项，其中省部级科技进步奖50项；发表科技论文700余篇；出版专著19部。

（3）贵州省植物园❸

该植物园工作职责涉及植物种质资源保育、科学研究、植物展示、科普教育和植物资源开发利用。截至2023年7月，该植物园建有1个保育中心［中国苦苣苔科植物保育中心（贵州）］、1个重点实验室（西南喀斯特山地生物多样性保护重点实验室）、1个植物种质资源保育基地（贵州省科学院植物种质资源保育基地）、10个植物专类园（珍稀植物区、药用植物区、果树资源区、展示植物

---

❶ 贵州科学院. 贵州省分析测试研究院［EB/OL］.（2023－07－12）[2024－12－15]. https：//gzas. guizhou. gov. cn/zzjg/ysdw_5872437/202307/t20230712_80902587. html.
❷ 贵州科学院. 贵州省山地资源研究所［EB/OL］.（2023－07－12）[2024－12－15]. https：//gzas. guizhou. gov. cn/zzjg/ysdw_5872437/202307/t20230712_80902586. html.
❸ 贵州科学院. 贵州省植物园［EB/OL］.（2023－07－12）[2024－12－15]. https：//gzas. guizhou. gov. cn/zzjg/ysdw_5872437/202307/t20230712_80902581. html.

区、珙桐园、山茶园、杜鹃园、蔷薇园、月季园、盆景园），专类园共收集保育植物4000余种。贵州省植物园先后入选"全国科普教育基地""贵州省青少年科技教育基地"等，是"国际植物园保护联盟"（BGCI）和"国际植物园协会"（IABG）会员单位。

（4）贵州省生物研究所❶

该研究所是贵州省专业从事植物、动物、微生物等研究与应用的科研院所。截至2023年7月，该研究所内设4个研究室（植物、动物、微生物、生物技术）、"两站一馆"（生物标本馆，梵净山陆地、草海高原湖泊两类野外生态系统定位观测站）和5个管理部门，结合该研究所优势学科领域，重点开展特色生物精深加工、食药用菌、特色植物种质资源创新与应用、生物多样性保护研究与生态环境、资源昆虫及有害生物防控等研究。

（5）贵州科学院先进技术与材料研究所❷

该研究所工作职责涉及开展跨地区、跨行业、跨部门、跨学科协同创新、科技成果转化推广和专业技术咨询，促进科技事业发展。其主要业务范围为开展新基建、新产品、新材料、新能源、智能制造、增材制造、微纳技术、矿业与冶金工程等领域的研究。

（6）贵州省检测技术研究应用中心❸

该应用中心工作职责涉及食品、农产品、环境、司法、培训认证等领域的专业检测，是国家食品（云技术应用）质量检验检测中心。截至2023年7月，该应用中心拥有检验检测机构资质认定（CMA）、实验室认可（CNAS）、农产品质量安全检测机构考核（CATL）等10项国家级资质和4项省级资质，通过了9项管理体系认证，形成以"检验检测+大数据"为支撑的快速筛查、定量检测、移动监测"三位一体"检验检测体系；建成农药检测、兽药检测、理化检测、微生物检测、元素检测等10余个专业实验室，建有9个区域分中心。多年来，该应用中心承担了多项食品安全抽检任务和企业委托检测任务；同时，作为贵州

---

❶ 贵州科学院. 贵州省生物研究所［EB/OL］. （2023-07-12）［2024-12-15］. https://gzas.guizhou.gov.cn/zzjg/ysdw_5872437/202307/t20230712_80902578.html.

❷ 贵州科学院. 贵州科学院先进技术与材料研究所［EB/OL］. （2023-07-12）［2024-12-15］. https://gzas.guizhou.gov.cn/zzjg/ysdw_5872437/202307/t20230712_80902576.html.

❸ 贵州科学院. 贵州省检测技术研究应用中心［EB/OL］. （2023-07-12）［2024-12-15］. https://gzas.guizhou.gov.cn/zzjg/ysdw_5872437/202307/t20230712_80902574.html.

省食品检测复检机构，该应用中心每年为100余家企业及机关部门提供权威的、有价值的一站式创新型服务。

(7) 贵州省化工研究院❶

该研究院在磷化工、煤化工、有机化工、无机化工、农药、化肥、黏合剂、塑料、橡胶助剂等多个研究领域取得了较为显著的科研成果，为贵州省化学工业的发展作出了重要贡献。该研究院已发展为以化工技术开发、新材料新产品开发、生产应用、检验检测、环境影响评价、安全评价、节能评估、清洁生产审核、安全标准化考评、可行性研究等服务为主体的专业技术单位；先后承担国家科技支撑计划、贵州省科技重大专项等项目，取得一系列科技成果；在工程咨询技术服务、中低品位磷矿、磷尾矿资源（磷、钙、镁、氟、硅、碘、稀土）综合利用、新型肥料技术推广应用、工业固废无害化及综合利用、聚氨酯/聚丙烯酸酯类胶黏剂的研制和应用研究等方面形成了稳定人才团队，为贵州省科技创新发挥支撑作用。

(8) 贵州省冶金化工研究所❷

该研究所在纳米复合功能助剂、高分子增材制造等重点领域为相关企业提供科技供给及服务，为贵州省先进技术与材料产业向纵深发展提供科技支撑。该研究所已形成"企业＋科技成果＋科研所＋科技人员＝利益共同体＋事业共同体＋命运共同体"的创新合作模式，并在新发展格局下的增材制造方向、纳米复合助剂制备与创新应用方向形成两支人才团队。

(9) 贵州省新技术研究所❸

该研究所工作职责涉及基于互联网、移动互联网、物联网（IoT）技术的电子信息与大数据领域相关科研及工程化应用技术研究，软件与信息系统的测试与评价；致力为贵州省工业、农业、旅游等行业信息化、数字化、网络化、智能化管理提供共性应用技术、个性化关键技术研发及相关系统创新设计、系统运营服务。

---

❶ 贵州科学院. 贵州省化工研究院［EB/OL］. (2023-07-12)［2024-12-15］. https://gzas.guizhou.gov.cn/zzjg/ysdw_5872437/202307/t20230712_80902572.html.
❷ 贵州科学院. 贵州省冶金化工研究所［EB/OL］. (2023-07-12)［2024-12-15］. https://gzas.guizhou.gov.cn/zzjg/ysdw_5872437/202307/t20230712_80902571.html.
❸ 贵州科学院. 贵州省新技术研究所［EB/OL］. (2023-07-12)［2024-12-15］. https://gzas.guizhou.gov.cn/zzjg/ysdw_5872437/202307/t20230712_80902567.html.

(10) 贵州省机电研究设计院❶

该设计院主要从事机电一体化生产技术的开发研究，机械冷、热加工艺及装备的开发研究，电气、自动控制与自动检测装备及系统的开发研究，还承担机电工业规划、大中型工厂设计、民用建筑设计、环境影响评价、市政消防工程设计、城市供水自动化工程设计及安装调试工作。该设计院在机电一体化、数控技术、蓄电池测试系统、液压气动技术、模具设计等方面有专长，先后成功完成了数百项科研项目和工程设计任务。

(11) 贵州省新材料研究开发基地❷

该基地工作职责涉及锌、铜、锰、镍、钴等金属的湿法冶金阳极材料的研究与生产，产品通过质量管理体系认证。截至2023年7月，该基地取得了多项在国内外具有先进水平的科研成果，拥有专利30余件，其科技成果获得多个重要奖项。

(12) 贵州省轻工业科学研究所❸

该研究所工作职责涉及微生物发酵产品（白酒类）的研发、生产及销售，特色食品的研发、生产及销售，特色农产品的加工研究、生产及销售，根霉种曲（酿酒用曲）的研发、生产及销售，日用化工（洗涤、护发、化妆）产品的研发、生产及销售；同时，主办酿酒技术类学术期刊《酿酒科技》。

(13) 贵州省电子工业研究所❹

该研究所立足于电子技术、物联网技术等，以技术开发、技术咨询、技术服务等形式，形成新技术、新工艺、新产品和新服务；围绕工业自动化、数字农业、公路桥梁健康监测、危房数据监测、分布式智能光伏等领域，定制化研发物联网数据监测终端机、智能光伏发电系统、高精度无线位移传感器、物联网技术应用平台等产品。截至2023年7月，该研究所共完成重大科研项目近百项，其中有13项获得省级科技进步奖。该研究所共有4个实验室，分别是电子研发实

---

❶ 贵州科学院. 贵州省机电研究设计院［EB/OL］.（2023 – 07 – 12）［2024 – 12 – 15］. https：//gzas. guizhou. gov. cn/zzjg/ysdw_5872437/202307/t20230712_80902562. html.

❷ 贵州科学院. 贵州省新材料研究开发基地［EB/OL］.（2023 – 07 – 12）［2024 – 12 – 15］. https：//gzas. guizhou. gov. cn/zzjg/ysdw_5872437/202307/t20230712_80902556. html.

❸ 贵州科学院. 贵州省轻工业科学研究所［EB/OL］.（2023 – 07 – 12）［2024 – 12 – 15］. https：//gzas. guizhou. gov. cn/zzjg/ysdw_5872437/202307/t20230712_80902555. html.

❹ 贵州科学院. 贵州省电子工业研究所［EB/OL］.（2023 – 07 – 12）［2024 – 12 – 15］. https：//gzas. guizhou. gov. cn/zzjg/ysdw_5872437/202307/t20230712_80902553. html.

验室、工艺结构实验室、电磁兼容性（EMC）实验室、产品试验场地。

（14）贵州省工艺美术研究所❶

该研究所是贵州省唯一的省级工艺美术研究机构，是集当代贵州工艺美术、贵州民族民间工艺美术、非物质文化遗产、旅游商品和文创产品研究、开发、设计，新材料运用，新工艺、新技术引进推广、咨询、培训，为政府提供行业信息等功能于一体的专业机构。

1.1.10 贵州省材料产业技术研究院❷

贵州省材料产业技术研究院是贵州省科学技术厅以"国家工程中心"为重要依托，整合贵州省内外优势研发资源，按照"统一规划、分步实施、重点推进、边建设、边研发、边转化"的原则开展建设。该研究院针对材料领域的重大关键性、基础性和共性技术问题，开展技术攻关和技术集成；承担有关部门委托的相关技术标准的制定，产品质量控制、技术监督、质量检测和分析；开展科技成果的转化、辐射和推广应用工作；开展工程技术人员及研究生的教育和培养。

1.1.11 贵州省林业科学研究院❸

贵州省林业科学研究院成立于1959年。截至2025年2月，该研究院拥有贵州荔波喀斯特森林生态系统、草海湿地生态系统、黎平石漠化生态系统、雷公山森林生态系统等4个国家定位观测研究站；有国家林业和草原局林产品质量检验检测中心（贵阳）、国家石斛花卉种质资源库、贵州省森工产品质量监督检验站、贵州省林业司法鉴定中心、贵州省林业有害生物检验鉴定中心，以及贵州省油茶工程技术研究中心、贵州省核桃工程技术研究中心、贵州省云关山国有林场科研试验示范基地、黎平杉木育种国家长期科研基地等多个研究平台；有"贵州

---

❶ 贵州科学院. 贵州省工艺美术研究所［EB/OL］.（2023 – 07 – 12）［2024 – 12 – 15］. https：//gzas. guizhou. gov. cn/zzjg/ysdw_5872437/202307/t20230712_80902550. html.
❷ 贵州省科学技术厅. 贵州省材料产业技术研究院［EB/OL］.（2022 – 10 – 19）［2024 – 12 – 15］. http：//kjt. guizhou. gov. cn/zfxxgk/fdzdgknr/jgjj/zsdw/202210/t20221019_76773915. html.
❸ 贵州省林业科学研究院. 单位基本情况［EB/OL］.（2025 – 02 – 22）［2025 – 05 – 20］. https：//guizhoulky. cn/article/detail/tXwtLWBeQ.

省森林生态效益监测与评价科技创新人才团队""贵州林木（杉木、核桃）遗传改良创新人才团队""贵州省重要经济树种生物影响因子调控技术研究科技创新人才团队""贵州省木本粮油加工科技创新人才团队"等5个省级科技创新人才团队；有"贵州油茶团队服务企业行动计划""贵州乡土珍稀花卉研发团队服务企业行动计划""贵州省核桃研发团队服务企业行动计划""贵州林下经济创新能力建设"等研究团队；建有树木园、竹类植物园、兰科植物种质资源保育中心、石斛属植物种质资源库、乡土珍稀观赏植物资源库、核桃油茶种质资源库、滇楸种质资源库、马尾松种子园等。

该研究院下属单位贵州省核桃研究所以核桃等经济林为主要研究对象，主要工作职责涉及核桃等树种的良种选育与高效栽培、有害生物绿色防控及产品研发的关键技术攻关和成果转化，有效支撑贵州省核桃等特色产业的高质量发展。

1.1.12　中国科学院地球化学研究所[1]

中国科学院地球化学研究所成立于1966年2月，是我国首批硕士、博士学位授予单位和首批博士后流动站建站单位。该研究所重视实验室建设，是全国建立了两个以上国家重点实验室的少数科研院所之一，同时以矿床地球化学、环境地球化学、地球深部物质与流体作用地球化学、月球与行星科学为主要研究方向，主要开展地球物质循环的地球化学过程及其与矿产资源的形成分布规律与模式和人类生存环境变化的内在联系，以及与空间探测有关的基础性和前瞻性研究。该研究所有环境地球化学国家重点实验室、关键矿产成矿与预测全国重点实验室、中国科学院地球内部物质高温高压重点实验室、月球与行星科学研究中心和生态环境与资源利用研究中心5个研究机构。

1.2　我国代表性高校与科研院所专利转化现状

提高高校与科研院所专利转化，一方面，有利于促进高校与科研院所学科建

---

[1] 中国科学院地球化学研究所. 机构简介 [EB/OL]. [2024-12-15]. http：//www.gyig.ac.cn/yjsgk_/jgjj_/.

设,提升学校教学科研实力;另一方面,可缩短企业生产技术更新改造时间,推动企业生产力进步和技术水平的快速提升,从而提升社会生产水平和社会发展水平。为更好地对贵阳市高校与科研院所专利转化运用进行摸底分析,笔者对我国代表性高校与科研院所进行问卷调研。调研问卷的设置从单位类型、单位领域进行调研对象摸底;从科技成果的开发形式、是否有专门负责专利转化应用的工作人员、是否已进行专利分级分类管理、在专利转化方面是否已选择第三方服务机构、科研成果转化的形式主要有哪些、持有的专利转化主要渠道有哪些、科技成果转化率、科研成果在申请专利之前有没有开展专利布局、如何保护科研成果、专利技术开发利用的主要途径等方面着手调研,以了解其转化运用现状;从发明人在专利转化过程中遇到哪些困难、科技成果转化主要内部因素有哪些、科技成果转化主要外部因素有哪些等方面着手调研,以了解其存在的困难与问题;从科技成果最需要获得何种服务、希望专利转化平台在科技成果转化方面提供哪些支持、科研成果转化过程需要哪些专利服务、专利技术未实施的主要原因、当下在专利转化方面遇到的主要问题等方面着手调研,以了解其需要提供的支持。

笔者对调研问卷的结果进行分析,发现部分调研对象存在如下现状。

第一,专利转化缺少专职人员负责,无法获得专业意见。部分专利管理人员仅进行统计等基础工作,并不负责为专利转化提供建议。

第二,未开展专利分级分类管理工作,不便于专利转化。部分调研对象没有对专利进行分级分类归集,没有主动为开展专利保护和运用工作创造条件。

第三,转化形式主要通过专利权转移,其他方式涉及不多。部分调研对象的专利成果转化、利用的方式较为单一,依靠推动为主。部分创新主体的知识产权运作以传统的知识产权转让为主,高质量专利池构建及运营、知识产权质押融资模式、知识产权运营的开放共享机制等还有待发展。

第四,主要通过中介机构进行对接,专利转化形式较为单一,通过转移平台、产业联盟、行业协会等资源进行转化运用的方式不明显。

第五,部分调研对象的专利成果转化率不高。

第六,专利布局未落实。专利布局有利于正确引导研发方向,促进理性研发,提高研发成效,从而促进转化运用。部分调研对象未进行专利布局,后续进行专利转化运用时易出现转化路径混乱、专利组合转化缺乏规划等问题。

1.3 贵阳市高校与科研院所专利转化存在的主要问题

科技成果转化率不高这一问题，一直困扰我国许多高校与科研院所。经分析，存在的问题主要集中于我国高校与科研院所的科技成果缺少企业的共同参与，不少科技成果的技术成熟度与市场的契合度存在欠缺；真正能够满足应用研究和试验发展的需求，可用于企业进行转化的原创性科技成果还比较少。因为限于技术评估体系不够健全，缺乏可行、规范、有实力的技术评估和专利转化中介机构，技术拥有方与需求方有针对性的务实沟通交流体制不够完善，所以企业与高校、科研院所的信息沟通效率偏低。此外，我国部分高校与科研院所未设立专门负责专利转化的机构，缺乏专门的职能部门和专业化人才针对性的指导服务。即便在政府搭建的科技成果推广信息平台上，企业也难以在短期内对推出的项目介绍产生信任，导致部分优秀的科技成果项目也存在转化难的问题。

笔者通过公开资料收集整理和分析的方式，对贵阳市高校与科研院所专利转化存在的主要问题开展调研，并对调研结果进行有机地组合和归纳，达到发现问题全貌的目的。

通过上述方式的资料收集与调研，总结问题如下。

（1）成果转化信息对接不顺畅

从高校与科研院所的角度来看，在技术市场中，参与技术交易的主体依然以该单位的专家和教授为主，而专业的技术经纪人团队相对匮乏。这种现状导致技术成果与市场需求之间的信息对接存在明显障碍。专家和教授虽然在科研领域具有深厚的专业知识，但在技术交易的实际操作中，往往缺乏对市场需求的精准把握，以及对交易流程的专业运作能力。由于高校与科研院所普遍缺乏专业的技术经纪人团队，技术成果与潜在的转化主体之间难以建立高效、精准的沟通渠道，因此许多优秀的科研成果难以快速、有效地找到合适的转化对象，从而影响了专利转化的整体效率。

（2）专业的转化团队需求大

一些专利转化服务机构的业务范围较为狭窄，可能只从事简单的专利买卖，并未真正深入专利转化的核心环节。这种现状无法满足高校与科研院所日益复杂且多元化的专利转化需求。专利转化不仅需要完成专利的所有权转移,而且需要在技术层面实现从实验室到实际应用的转化,这涉及技术的进一步开发、优化,以及与产业需求的精准对接等诸多复杂环节。然而,现有的服务机构大多缺乏专业的技术转化团队,无法为专利的深度转化提供全方位、专业化的服务,导致许多专利在转化过程中无法充分发挥其潜在价值,难以实现从技术成果到实际生产力的有效转化。

(3) 专利转化前价值评估工作不完善

在专利转化的过程中,价值评估是极为关键的环节,但这一环节存在一些问题。一方面,由于缺乏标准化的专利价值评估体系,因此评估结果缺乏统一的衡量标准和可比性。不同的评估机构或评估人员可能会因评估方法、评估指标等因素存在差异,得出截然不同的评估结果,这不仅给专利技术的交易双方带来了困扰,而且增加了交易的风险和不确定性。另一方面,专业化的专利价值评估与质押融资服务人才和平台也极为稀缺。专利技术的价值评估需要综合考虑技术的创新性、市场前景、技术成熟度、法律风险等多方面因素,是一项高度专业化的复杂工作。然而,市场上具备这种专业能力的人才和平台数量有限,无法满足高校与科研院所专利转化过程中日益增长的价值评估需求,从而影响专利顺利转化及相关的质押融资等活动。

(4) 发明人因素

从高校与科研院所的科研人员的角度来看,虽然许多专利具备转化的潜力,但在实际寻找实施转化的企业时却面临诸多困难。高校与科研院所的科研人员的主要任务是科研与教学,他们无暇花费大量时间和精力在专利转化上。专利转化需要投入大量的时间和精力开展市场调研、技术对接、商务谈判等一系列复杂的工作,而这些工作往往超出了科研人员的日常工作范畴。此外,这些科研人员对工业化过程存在一定的认知隔阂。他们在科研过程中主要关注技术的创新性和学术价值,而对于如何将技术转化为实际可操作的工业产品或生产工艺缺乏深入了解。这种认知上的差异使科研人员在寻找合适的转化企业时,难以准确判断企业的技术承接能力和市场需求匹配度,从而增加了转化的难度。同时,部分专利技术虽然在科研层面具有创新性,但在实际应用中缺乏"实用价值",难以满足企业的产业化需求,这也进一步限制了专利的转化。

(5) 内部因素

从高校与科研院所内部来看,科技成果成熟度不高是制约专利转化的重要因素之一。许多科技成果在实验室阶段取得了良好的效果，但在与企业论证投产的衔接上还存在一定的距离。实验室环境下的技术成果往往缺乏对实际生产过程中复杂因素的考量，如大规模生产的工艺稳定性、成本控制、质量保证等，需要进一步的验证和优化才能真正满足工厂化生产的要求。此外，高校与科研院所在专利转化专业人才的储备上存在不足。科技成果转化不仅需要技术专家，而且需要具备市场、法律、金融等多方面知识的复合型人才。然而，一些高校与科研院所在科技成果转化专业人才的培养和引进方面相对滞后，无法为专利转化提供全方位的专业支持，从而影响了专利转化的效率和成功率。

（6）外部因素

从外部环境来看，技术市场的不健全对高校与科研院所的专利转化产生了较大的阻碍。专利转化市场整体还不够成熟，缺乏完善的市场机制和规范的交易规则。这种不成熟的市场环境使技术交易的透明度和公信力不足，增加了交易双方的风险和不确定性。同时，缺乏有效的技术对接平台和渠道，导致技术成果与潜在的转化主体之间难以实现精准匹配。此外，企业在科技成果转化过程中往往持谨慎态度，不愿意花费大量的时间和精力进行产业化试验。企业更倾向于直接获取成熟度高、风险低的技术成果，而对于需要进一步开发和验证的技术成果则持观望态度。这种现象导致许多具有潜在价值但尚未完全成熟的科技成果难以找到合适的转化企业，从而影响了高校与科研院所专利转化率和产业化进程。

1.4 贵阳市高校与科研院所专利转化问题分析

1.4.1 制约专利转化的主要因素分析

（1）高校与科研院所具备工业化能力的转化团队稀缺

专利从科研成果变成市场中的产品，需要经历一系列工业化过程，其中如何从实验室数据到工艺流程并最终应用于实际生产需要开展大量的工作，但这部分工作高校与科研院所没有完成，而市场主体也不会主动完成，部分专利转化服务机构，从事的多是简单的专利买卖，并不涉及专利转化，导致技术难以直接变成产品。

（2）高校与科研院所的科研人员对工业化过程存在一定的认知隔阂

一些高校与科研院所的科研人员并不清楚技术进入工厂前，需要先经过可行性研究分析，也不知道具有实用潜力的实验室科研成果需要经过有关专业论证，判断其具有实用价值后，才能够进入大规模商业化生产阶段。

（3）高校与科研院所的专利与企业技术需求不匹配

专利与企业技术需求对接不上，主要有两种表现形式：一种是高校与科研院所的专利只是具有实用潜力的实验室成果，而非企业拿来可用的、具有实用价值的技术方案；另一种是高校与科研院所的专利具有实用价值，企业拿来可用，但是相互之间缺少信息交流渠道。这会导致企业对高校与科研院所的研究成果不愿意投入人力物力。

（4）缺乏标准化和专业化的专利价值评估与质押融资服务人才和平台

由于高校与科研院所可能会因绩效考核、职称评审、项目结题、补贴等原因而申请专利，因此一些专利可能不具备产业化的必要条件，较难转化。即使抱着专利产业化的目的，在转化过程中还是有很多道坎要跨越，比如专利是否能得到有效保护、发明创造是否与市场需求匹配、专利成果是否能对接到合适的产业化资源等，这些都是专利转化的关键性要素。可事关这些要素的核心能力，恰恰是很多高校与科研院所的科研人员所不擅长的，加之外部的支撑不足，导致一些有价值的专利未能成功走向市场。

1.4.2 专利转化遇到的瓶颈分析

（1）促进转化的市场机制缺失

我国研发机构数量庞大，但成果交易过于分散，导致成果拥有方难以对接市场，投资者也很难找到所需要的技术，市场信息不对称的问题严重。高校与科研院所由于缺少激励机制，因此没有动力实施专利技术。有些企业可能分不清哪些专利是有用的、哪些专利是不可以实施的。高校与科研院所在申请专利时并没有很强的转化动力，主要原因可能是其技术成果与市场需求并不挂钩。

（2）不确定性使交易潜藏风险

专利技术要完成整个交易过程，让购买方最终完成产品上市，涉及多个环节。这些环节包括专利技术的真伪识别、技术比较、市场分析、投资分析、风险分析，并进行实质性的技术交易谈判。任何一个环节出现问题，交易双方付出的努力都可能前功尽弃。专利转化的这一不确定性给交易双方带来了风险，由于这种风险是个人无法承担的，因此科研人员可能把科技成果"束之高阁"。

（3）对接信息不对称

虽然推动产学研一体化取得了很好的效果，但由于缺乏专利转化的平台和中介组织，因此专利持有者和专利需求者的对接信息可能会不对称。这方面的制度还有待完善，以促进科技成果得到及时转化。

1.4.3　专利转化影响因素分析

针对上述专利转化的主要制约因素和瓶颈，还需透过表象挖掘深层次的原因。从高校与科研院所考核制度、研究人员、技术转移部门三个核心维度分析，得出如下影响因素。

首先，在我国一些高校与科研院所的考评机制中，评定职称、聘期考核、申报课题项目可能会与专利数量挂钩，虽说在一定程度上可以激发科研人员对科研的关注，以及高校与科研院所自身的创新水平，但也可能模糊申请专利的目的。此外，在专利考核方面，可能看重数量而轻视质量，专利申报前审查和检索不到位，专利授权后也未对其后续使用进行跟踪和评估。长此以往，高校与科研院所的专利数量虽有所提升，但能进行转化的专利屈指可数，进而可能拉低专利产业化的发展。

其次，高校与科研院所专注学术和人才培养，但对于想要进行专利产业化的发明人来说，还是应该积极对接市场需求。因为专利要走向市场，一定要面向社会需求，这就需要专利具备"走出去"的能力。但实际操作存在难点：一是高校与科研院所的研究人员理论知识充足却缺乏实践经验，导致其科技成果较难满足市场需求；二是专利获得授权后的后期维护对资金的需求较高，科研人员难以支撑；三是即便专利技术满足市场需求，也未必能够运营好，顺利投入市场。高校与科研院所的科研人员自身专利转化能力不足，导致推进技术产业化困难。

最后，高校与科研院所专利转化体系缺乏专业人才，且从事专利转化人员成果转化的相关知识积累也较为缺乏。技术转移部门整体运营模式较为简单，无法覆盖专利申请前的考核和后续的转化评估，以及最后对接产业的全流程工作。拘泥于外因和内因的种种限制，研发人员和技术转移部门合作困难，进而在一定程度上阻碍了专利产业化。

1.4.4　不同专利质量问题对专利转化的影响分析

从对贵阳市高校与科研院所专利的评价体系来看，不同专利质量对专利转化有着巨大的影响。

在所有贵阳市高校与科研院所的专利中，普通专利占比较高；在开展转化的专利中，核心专利和重要专利占比较高，未有低价值专利。开展转化的专利中具有高专利质量的核心专利、重要专利占比明显高于这两类专利在有效专利中的占比，开展转化的专利中核心专利与重要专利的整体占比较高，且未有低质量、低价值的专利。

因此，从分析结果来看，对贵阳市高校与科研院所来说，专利质量与专利转化呈现明显的正相关，高质量、高价值的专利将更有可能开展专利转化。

1.5　贵阳市专利转化政策环境现状

通过广泛收集贵阳市专利转化相关政策，了解贵阳市专利转化政策导向，获取发展重点、主要激励措施、相关管理制度在内的政策环境信息，详细信息如图1-1所示；贵州省（以贵阳市为主）专利转化相关政策如附录1所示。

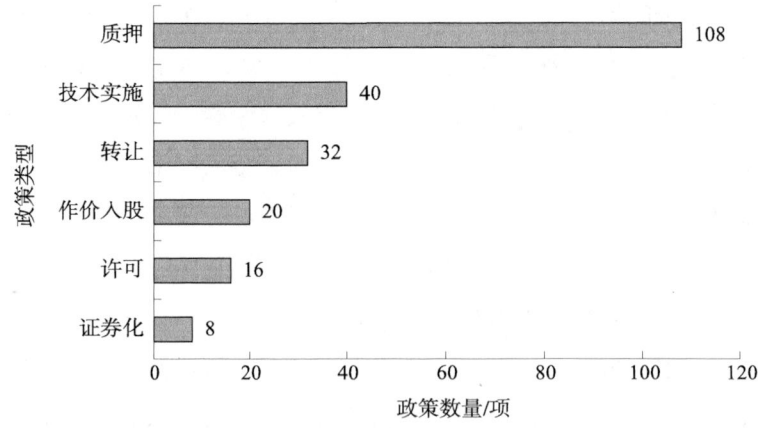

图1-1　贵阳市专利转化政策环境调研结果

总体来说，贵阳市对专利、技术成果的转化极为重视，专门出台多项政策，从资金支持、制度建立、服务机构培养、平台构建、人才激励等方面，多措并举，促进专利转化工作的开展，为专利转化营造良好的政策环境。

相关政策侧重于促进专利权质押融资贷款工作的开展，从而为创新型企业提供融资支持；促进专利技术成果转化实施、产业化，以创新技术驱动产业高质量发展。针对专利转让、作价入股、许可、证券化，现有政策已从多方面开展相关工作，丰富专利转化渠道，全面服务专利转化工作。

2018年，中国人民银行贵阳中心支行、贵州省发展和改革委员会等16个部门印发了《关于支持绿色信贷产品和抵质押品创新的指导意见》，支持金融机构有效开展绿色知识产权质押贷款业务。金融机构积极贯彻落实《专利权质押登记办法》（已失效）、《注册商标专用权质权登记程序规定》（已失效）、《著作权质权登记办法》，加强与知识产权主管部门的沟通，针对清洁技术、节能技术、新能源技术等领域专利权，节能环保产品的注册商标专用权以及有关的著作权，有效开展绿色知识产权质押贷款业务。

2018年，贵州省科学技术厅（贵州省知识产权局）、贵州省商务厅等4部门联合印发的《贵州省知识产权对外转让审查细则（试行）》规范了知识产权对外转让审查工作，解决由谁负责审查、审查什么、怎么审查等具体问题。

2020年，贵州省知识产权局、原中国银行保险监督管理委员会贵州监管局（现为国家金融监督管理总局贵州监管局）制定了《贵州省推进知识产权质押融资实施方案》，扩大了知识产权质押融资的范围，优化营商环境，推动社会经济发展。

2021年，贵阳市人民政府印发《贵阳贵安"强省会"五年行动科技创新实施方案》，其中提到建立科技成果转化年度报告制度，对贵阳市科技计划支持项目的科技成果情况、知识产权保护情况、技术成熟度情况进行年度报告和第三方评估，对产业化前景进行研判，推动科技成果落地产业化。

2021年，针对贵州省中小企业在知识产权创新及专利技术转化上存在的一些困难，为帮助企业解决发展中的痛点、难点问题，贵州省知识产权局和贵州省财政厅印发了《贵州省促进专利技术转化助力中小企业创新发展三年攻坚行动实施方案（2021—2023年）》，以进一步深化贵州省知识产权运营服务体系建设，切实推动专利技术转化实施，助力中小企业创新发展。从提升知识产权创造质量、加强知识产权运营服务体系建设和深化知识产权金融服务三个方面提出了 15 条具体措施，进一步实施高价值专利培育工程、知识产权优势企业培育工程、重点产业专利导航工程，建立知识产权运营公共服务平台，建设重点产业知识产权运营中心，强化知识产权服务机构培育，提升高校院所知识产权运营能力，鼓励国有企业共享成熟专利技术，拓宽市场主体知识产权融资渠道、积极探索知识产权证券化。该实施方案提出，力争通过 3 年时间，使贵州省中小微企业接受高校院所、国有企业等市场主体转让、许可、作价入股专利达每年 500 件以上，政策惠及省内中小微企业累计达 1500 家以上，实现专利质押登记金额 20 亿元以上，促进贵州省专利转化运用激励机制更加有效，使专利技术转化服务便利性和可及性显著提高，高校院所、国有企业创新资源惠及中小企业的渠道更加畅通，知识产权金融服务进一步拓展，中小企业创新能力大幅提升，知识产权对贵州省产业提升和经济转型的引领和支撑作用得到有效发挥，为开创百姓富、生态美的多彩贵州新未来提供有力知识产权支撑。

2022 年，为充分发挥知识产权制度在推动经济社会高质量发展中的重要作用，深入推进知识产权强省建设，完善贵州省知识产权高质量发展资助政策，贵州省知识产权局印发《贵州省知识产权高质量发展资助办法》。该办法突出鼓励专利实施政策导向，鼓励知识产权运营和证券化。

2024 年，针对市场主体对知识产权质押融资有迫切需求，但由于专利、商标等知识产权无形资产存在评估难、变现难等客观因素，银行开展知识产权质押融资存在一定风险，银行对发放知识产权质押贷款缺乏信心，市场主体融资"难"比融资"贵"的问题，贵州省知识产权局对《贵州省知识产权高质量发展资助办法》进行修订，从帮助市场主体重点解决融资"贵"调整为兼顾解决融资"难"与融资"贵"问题，更加具有针对性，可以适当分担银行开展知识产权质押融资的风险，充分调动银行开展知识产权质押融资的积极性，帮助更多创新主体获得知识产权质押贷款，助力创新主体健康发展。

2024 年，《贵州省促进科技成果转化条例》通过第二次修正，其旨在规范科技成果转化活动，维护科技成果转化各方合法权益，形成较为完善的科技创新制度体系，为贵州省科技创新提供有力政策支撑和制度保障。

1.6 贵阳市重点产业发展情况及产业发展技术需求

1.6.1 贵阳市与周边城市重点产业发展情况与对比

1.6.1.1 贵州省贵阳市

贵州省近年来围绕知识产权创造、运用、保护和管理，出台了一系列政策文件，构建了较为完善的知识产权政策体系，重点聚焦绿色金融、质押融资、科技成果转化和中小企业创新发展，体现了对知识产权从创造到运用的全链条支持，尤其注重通过金融手段（如质押融资、证券化）促进科技成果转化和中小企业发展，同时结合绿色金融推动可持续发展。

贵阳市作为贵州省的省会，其政策更聚焦于科技创新和成果转化，服务于"强省会"战略。政策重点在于提升科技创新能力，并通过制度化的评估和报告机制推动科技成果产业化，与省级政策形成互补，共同促进区域经济高质量发展。

《贵阳市国民经济和社会发展第十四个五年规划和二〇三五年远景目标纲要》显示，贵阳市农业产业呈现"一五十十"的布局体系。其中，"一"指贵阳贵安都市圈现代农业产业环带，该环带充分利用当地地理优势和资源禀赋，将都市农业与生态旅游、休闲观光等有机结合，打造环城生态农业圈，不仅为市民提供了新鲜的农产品，而且成为城市居民亲近自然、体验农耕文化的重要场所。"五"指蔬菜、水果、茶叶、中药材、奶业五大主导产业。贵阳市在蔬菜产业方面，重点发展特色优势蔬菜品种，推广标准化种植技术，提高蔬菜产量和质量，保障城市"菜篮子"供应稳定；水果产业以特色水果种植为主，如修文猕猴桃等，通过扩大种植规模、提升果品品质，打造水果品牌，提高市场竞争力；茶叶产业着重培育本地茶树品种，推广绿色有机种植，提升茶叶附加值，推动茶产业成为农民增收的重要支柱；中药材产业依托丰富的自然资源，发展中药材种植，加强中药材深加工，延伸产业链，打造中药材产业集群；奶业则以建设现代化奶牛养殖场、提升奶源质量为核心，发展奶制品加工，打造区域奶业品牌。"十十"指十大产业聚集区和十大优势特色产业板块。十大产业聚集区是指在贵阳市范围内，根据各地的自然条件、产业基础和发展潜力，规划布局十个相对集中的农业产业区域，每个聚集区都有其主导产业和特色产品，通过产业集聚效应，实现资源共享、技术交流和市场拓展，推动农业产业规模化、集约化发展。十大优势特色产业板块则是在贵阳市范围内筛选出的具有独特优势和特色的农业产业领域，如食用菌产业、精品水果产业等，通过政策扶持、技术创新和市场引导，培育壮大优势特色产业，提升农业产业的整体效益和竞争力。

在工业领域，贵阳市以产业园区为载体，大力培育先进装备制造业、中高端消费品制造业、新能源产业、新材料产业、数字产业、健康医药产业六大新产业。先进装备制造业以发展高端装备制造为重点，包括航空航天装备制造、新能源汽车装备制造等，通过引进先进技术和创新研发，提升装备制造业的核心竞争力，打造具有区域影响力的装备制造业基地。中高端消费品制造业着重发展时尚服装、特色食品等产业，以满足消费者对高品质、个性化产品的需求为导向，提升产品设计和制造水平，打造中高端消费品品牌。新能源产业以发展新能源发电、新能源电池等为核心，充分发挥贵阳市的资源优势，推动新能源产业的快速发展，助力能源结构优化升级。新材料产业聚焦高性能合金材料、新型建材等领域，加强新材料的研发和应用，提高新材料产业的自主创新能力，满足高端装备、新能源等产业对新材料的需求。数字产业依托贵阳市的大数据发展优势，重点发展大数据电子信息产业，包括软件开发、大数据应用服务等，打造数字产业集群，推动数字技术与实体经济深度融合。健康医药产业以发展中药现代化、化学药创新等为重点，加强中药材种植、研发和生产加工，提升健康医药产业的规模和效益，打造健康医药产业链。

在服务业方面，贵阳市重点发展中高端商贸业、旅游产业化、康养产业、金融业、会展业、大数据产业、物流业，逐步形成现代化服务业。中高端商贸业以打造区域性商贸中心为目标，引进国内外知名品牌，培育本土商贸品牌，提升商贸业的服务质量和水平，满足消费者多样化、个性化的消费需求。旅游产业化以打造国际一流山地旅游目的地为引领，整合旅游资源，丰富旅游产品供给，提升旅游服务质量，推动旅游产业全域化、全季化发展。康养产业结合贵阳市的气候、生态等优势，发展健康养生、养老护理等养老服务产业，打造具有特色的康养服务品牌。金融业通过完善金融体系，创新金融产品和服务，加大对实体经济的支持力度，推动金融与产业融合发展。会展业以举办国际国内知名展会活动为切入点，提升会展业的专业化、国际化水平，打造具有影响力的会展品牌，带动相关产业发展。大数据产业充分发挥贵阳市在大数据领域的先发优势，推动大数据与服务业深度协同融合，发展大数据金融、大数据物流等新业态，提升服务业的智能化水平。物流业以建设区域性物流枢纽为目标，完善物流基础设施，提升物流配送效率，降低物流成本，为产业发展提供有力的物流保障。

贵州贵安新区管理委员会紧紧围绕贵州省打造"3533"重点产业集群目标，坚持"大抓产业、主攻工业"，大力实施"工业强市"战略，抓主导产业、抓龙头企业、抓产业链条、抓园区建设、抓要素保障、抓生态环保，工业成为当地经济发展的第一动力、核心引擎、最大亮点。近年来，贵州贵安新区管理委员会牢固树立产业链思维，加快打造一批规模大、实力强、链条完整、竞争力强的重点产业链。聚焦主导产业建链，围绕 6 大重点产业，深化产业链图谱研究，推动"链主企业"集聚成势，以中国航天科技集团有限公司、中国铝业集团有限公司、中国医药集团有限公司等"链主"企业为引领的重点产业生态圈不断丰富。截至 2025 年 1 月，"黎阳生态圈"累计签约企业 23 家，贵安新区航空航天基础件（材料）产业孵化基地签约企业 12 家，国药西部医疗产业园入驻企业 12 家，产业集群加快形成。[1]

贵阳市作为省会城市，对贵州省经济发展起着带动作用，已形成以高端装备制造、医药康养、大数据产业、现代化工等为主导的较为完备的产业体系。贵阳市以开发区为载体，以产业项目建设为动力，按照特色化、差异化发展思想，重点发展传统优势产业和新兴产业。贵阳市还将努力实现工业总产值大幅提升，工业市场主体数量显著增加，制造业在地区生产总值中的比重不断提高，工业投资规模持续扩大；致力于打造我国西部地区有影响力的中高端制造城市，建设世界级磷化工产业基地、我国西部地区重要的先进装备制造及应用基地、我国西部地区有影响力的铝精深加工基地，促进新能源汽车行业总量实现跨越式提升，推动大数据产业深入融合发展，形成"中国数谷"电子信息产业发展核心区。

1.6.1.2 重庆市

重庆市的支柱产业包括汽车和摩托车产业、电子信息业、装备制造业、医药

---

[1] 贵阳市工业和信息化局. 这是一张贵阳贵安"含金量"十足的"工业答卷"[EB/OL]. (2025 - 01 - 02) [2025 - 02 - 26]. https://guiyang.gov.cn/zwgk/zwgkxwdt/zwgkxwdtbmdt/202501/t20250102_86448945.html.

化工、材料工业、能源工业、消费品产业等。其汽车和摩托车产业历史久、规模大，电子信息业产业结构不断优化，装备制造产业集群加速发展，医药化工产业作为重庆市战略性新兴产业，材料工业是重庆市经济稳增长的重要支撑，能源工业和消费品产业加快推进特色产业链培育。此外，重庆市近年来积极推动能源结构绿色低碳转型，以提升其能源工业增加值和产值。

重庆市纵深推进成渝地区双城经济圈建设，合力打造带动全国高质量发展的重要增长极。把握"一体化"和"高质量"两个关键，当好国家战略腹地建设"排头兵"。推动制造业高质量发展大会，着力打造现代制造业集群体系，迭代升级制造业产业结构，全力打造国家重要先进制造业中心。以重庆市各区县（自治县）和两江新区、西部（重庆）科学城重庆高新区、万盛经济技术开发区为基本单元，围绕现代制造业集群体系，由各区县结合本地产业基础、资源禀赋、物流条件等综合因素，从先进制造业细分产业选项中选择优先发展的主导产业和重点发展的特色产业，作为其先进制造业的发展重点，形成区域布局。❶

重庆市还将围绕全球科技革命和产业变革，在新一代信息技术、生命健康产业和绿色低碳产业三大方向展开布局。其中，新一代信息技术聚焦集成电路、智能终端、先进传感器、工业互联网、人工智能等领域，生命健康产业聚焦医疗器械、生物药两大核心领域和化学药、中医药、医养健三大重点领域，绿色低碳产业聚焦新能源及智能网联汽车、节能环保装备和新型储能等重点领域。

1.6.1.3　四川省成都市

四川省成都市深入推进制造强市建设，形成电子信息、装备制造、集成电路、高端软件、轨道交通、航空航天、生物医药等产业集群，推动人工智能、卫星互联网等战略性新兴产业融合式集群发展，前瞻布局前沿生物、先进能源等未来产业，培育新的增长引擎，制造业整体发展能级和竞争优势大幅提升。❷

---

❶ 中商产业研究院.【产业图谱】2024年重庆市重点产业规划布局全景图谱（附各地区重点产业、产业体系布局、未来产业发展规划等）[EB/OL].（2024-05-16）[2024-12-26]. https：//www.askci.com/news/chanye/20240516/083534271581973422615428_3.shtmll.

❷ 成都市人民政府. 产业集群[EB/OL]. [2025-04-15]. https：//www.chengdu.gov.cn/cdsrmzf/c169694/tz_cytx.shtml.

1.6.1.4　湖南省长沙市

2021年，《长沙市"十四五"先进制造业发展规划（2021—2025年）》发布。湖南省长沙市在支柱产业领域主要布局行业为工程机械、汽车及零部件、生物医药、电子信息、文化创意、旅游、食品制造。从产业布局重点分布来看，支柱产业在长沙市各区县均有分布，其中以文创、科技为主的支柱产业主要集中在长沙市中心城区，以先进制造、工程装备等为主的支柱产业主要分布在周围区域。长沙市现代产业体系建设不断提档升级，"三智一芯"产业基本完成战略布局，发展形成工程机械、新材料、电子信息、食品烟草、汽车及零部件的产业格局，其中工程机械产业集群成为国家十大先进制造业集群，同时，长沙市还围绕建链补链强链，强力打造多条高端高新产业链，包括汽车产业链、人工智能及机器人产业链、工程机械产业链、先进储能材料产业链、显示功能器件产业链、大数据产业链、自主可控及信息安全产业链、移动互联网及应用软件产业链、生物医药产业链、现代种业产业链、航空航天产业链、先进轨道交通装备产业链、食品及农产品加工产业链、环境治理技术及应用产业链、新一代半导体及集成电路产业链、碳基材料产业链、装配式建筑产业链、物流产业链、检验检测产业链、新能源装备产业链、第五代移动通信技术（5G）应用产业链、新型合金［含三维（3D）打印］产业链。

1.6.1.5　云南省昆明市

云南省昆明市以进促稳、先立后破，坚持以资源换产业、以园区聚产业、以口岸推动产业融入大循环双循环，持续激活并做优资源经济、园区经济、口岸经济，为推动昆明产业转型发展注入新活力；坚持大抓产业、主攻工业，统筹推进工业强市、贸易富市、旅游兴市、金融活市"四轮驱动"，加快构建现代化产业体系；在招商引资、项目投资、扩大消费、科技创新、总部经济等方面持续发力，推动各项工作取得新突破；加强以滇池为重点的生态环境保护，全面推动发展方式向绿色低碳转型，持续增加优质公共服务供给，着力促进民族团结进步，有效防范化解重点领域风险，扎实推进高质量发展。❶

---

❶ 刘洪建. 昆明：大抓产业主攻工业　构建现代产业体系［EB/OL］.（2024-05-23）［2024-12-03］. https://www.yn.gov.cn/ztgg/lswzjjylzzccs/bdgc/202405/t20240523_299765.html.

云南省昆明市的绿色食品产业链重点领域包括高原生鲜食品、传统食品等，肉牛育种、养殖、加工和流通等，咖啡、普洱茶深加工和流通；花卉产业链重点领域包括鲜切花品种培育、鲜切花大宗交易、花卉艺术品制造、花卉主题景观及休闲旅游等；高端装备及汽车制造产业链重点领域包括新能源汽车整车制造、驱动电机及电机控制系统等。

1.6.1.6 广西壮族自治区南宁市

广西壮族自治区南宁市是中国热带水果、粮食和经济作物生产基地之一，其农业生产已形成了以粮食为基础，以蔬菜、水果、甘蔗为龙头产业，以种、养、加工并举的高产、高效、优质的城郊型农业格局。该市工业聚焦制糖、食物和轻纺、机械、电子、建材、化工、冶金、煤炭等领域；聚焦承接东部产业转移，瞄准我国重点区域的重点目标企业和生产性服务业、高端制造业等产业开展精准招商活动。截至 2024 年 1 月，南宁市五象新区签约神光光学合成石英锭料定制化加工生产、南宁德濠五象智能制造创新中心等重点产业项目 12 个。南宁经济技术开发区签约有关产业项目 15 个。❶

1.6.1.7 小　　结

总体来看，贵州省贵阳市与重庆市、四川省成都市、湖南省长沙市在支柱产业和重点产业的发展上存在较大差距，与云南省昆明市差距相对较小；与广西壮族自治区南宁市相比，贵阳市在第一产业、第三产业存在发展差距，在第二产业❷上贵阳市则具备发展优势。对比贵阳市与周边城市发展模式可以看出，共建

---

❶ 杨玲. 深化产业园区改革发展　助推首府经济提质增效［EB/OL］.（2024 - 01 - 05）［2024 - 12 - 15］. http：//www.nnrb.com.cn/nnrb/20240105/mhtml/page_02_content_002.htm.

❷ 2018 年，国家统计局根据新颁布的《国民经济行业分类》（GB/T 4754—2017），对第三版《三次产业划分规定》进行了修订。第一产业是指农、林、牧、渔业（不含农、林、牧、渔专业及辅助性活动）；第二产业是指采矿业（不含开采专业及辅助性活动），制造业（不含金属制品、机械和设备修理业），电力、热力、燃气及水生产和供应业，建筑业；第三产业即服务业，是指除第一产业、第二产业以外的其他行业，包括批发和零售业，交通运输、仓储和邮政业，住宿和餐饮业，信息传输、软件和信息技术服务业，金融业，房地产业，租赁和商务服务业，科学研究和技术服务业，水利、环境和公共设施管理业，居民服务、修理和其他服务业，教育，卫生和社会工作，文化、体育和娱乐业，公共管理、社会保障和社会组织，国际组织，以及农、林、牧、渔业中的农、林、牧、渔专业及辅助性活动，采矿业中的开采专业及辅助性活动，制造业中的金属制品、机械和设备修理业。国家统计局. 三次产业是怎样划分的［EB/OL］.（2025 - 03 - 21）［2025 - 06 - 15］. https：//www.stats.gov.cn/zs/tjws/tjbz/202301/t20230101_1903768.html.

"产、学、研"融合,加大研发投入,推进新技术、新工艺、新产品研发应用,建立相关领域高端研发平台,注重高新技术企业、高水平人才团队的培育和引进,联合中介机构,聚焦重点产业链精准招商等,是推动贵阳市产业发展的重要途径。

1.6.2 贵阳市重点产业发展方向及对专利运用的需求

1.6.2.1 重点产业发展方向

在贵阳市优化"一五十十"现代农业产业布局中,"一"是指贵阳贵安都市圈现代农业产业环带。"五"是指菜、果、茶、药、奶主导产业。一个"十"是指十大产业聚集区(蔬菜产业聚集区、水果产业聚集区、茶叶产业聚集区、中药材产业聚集区、生猪产业聚集区、生态家禽产业聚集区、禽蛋产业聚集区、奶产业聚集区、优质粮食产业聚集区、水产品产业聚集区)。另一个"十"是指十大优势特色产业板块(猕猴桃产业板块、蓝莓产业板块、设施蔬菜产业板块、元宝枫产业板块、刺梨产业板块、茶产业板块、稻菜生态种植业产业板块、生猪产业板块、生态家禽产业板块、奶产业板块)。贵阳市加快农产品加工业发展,按照"种植在全省、加工在贵阳贵安"的思路,围绕茶叶、食用菌、蔬菜、生态畜牧、石斛、水果、中药材、刺梨、辣椒等九大重点产业,重点发展预冷、保鲜、冷冻、清洗、分级、分割、包装等仓储设施和商品化处理,培育引进一批农产品加工龙头企业,大力发展农产品植物萃取、功能食品等农产品精深加工。

贵阳市先进装备制造产业主要围绕航空航天产业,重点发展航空发动机、航空机载设备、控制设备、高端基础件等产业,积极引入航空航天器修理、通用设备修理、高速铁路设备维修等项目;紧盯机械制造升级改造,重点发展挖掘机、高速工程车、煤炭综采设备、液压系统及配套零部件产业;发展壮大电力装备、电线电缆产业,积极培育机器人、无人机、高档数控机床、增材制造等新兴产业。

发展新能源汽车产业表现为加快建设新能源汽车产业集群,积极引入新能源专用车、商用车等整车制造企业,大力发展电机、电控、动力电池、氢燃料电池、车载系统、智能驾驶辅助等汽车关键零部件,加快发展轮毂、轮胎、液压减震器等配套产业。

发展电子信息制造产业表现为壮大发展新型电子元器件，重点引进电子电路制造、敏感元件及传感器制造、电声器件及零件制造项目；大力发展陶瓷基板、刻蚀材料等半导体材料；紧盯服务器及存储设备、新型显示设备、消费电子终端，重点引进大数据处理的个人计算机（PC）服务器、数据压缩设备制造项目以及智能可穿戴设备、电子智能终端制造项目。

发展软件信息技术服务产业表现为重点发展集成电路设计封测、软件开发测试、系统设计集成、数据存算交易、互联网及相关服务等产业；大力发展基础软件、应用软件、数据安全、信息服务、大数据人力资源服务等产业；积极布局云计算、人工智能、区块链等新兴产业。

发展健康医药制造产业表现为提升中医药产品科学化、专业化水平，重点发展中药饮片、配方颗粒、中药制剂；加速布局化学药、生物药产业，培育一批治疗心脑血管、肿瘤、糖尿病、消化道药物产品，在单克隆抗体、干细胞、基因工程、生命健康等领域寻求创新突破；加速布局高端医疗器械产业，重点发展防护耗材、高值耗材、体外诊断、康复器材，突破发展分子诊断、免疫检测、生化检测；强化医药研发服务，开拓特殊医学用途配方食品和保健品市场。

发展生态特色食品产业表现为积极引进酒制造项目，壮大白酒产业，引进一批上下游玻璃制品、包装制品等配套制造项目；积极引进食品加工项目，重点发展粮油制品精深加工（含进境粮食加工）、方便休闲食品加工、健康食品加工、调味品加工、特色畜禽肉制品加工、绿色果蔬茶及饮料加工。

发展磷化工产业表现为重点发展高等级黄磷、磷酸，新型特色肥料；提升磷酸、黄磷品质，发展工业级、食品级、医药级、电子级磷酸及磷酸盐；优化磷肥产品结构，扩大高端磷肥、水溶肥、缓释肥、生物有机肥等新型肥料规模；深化磷石膏、黄磷渣、黄磷尾气综合利用，打造清洁生产、循环经济产业链；提高磷矿伴生资源回收利用率，发展氟、硅、碘精深加工产业链。

发展铝及铝加工产业表现为加大再生铝、氧化铝、电解铝、铝基新材料技术创新力度，积极引进铝型材、汽车零部件、航空航天装备组件等铝深加工产品；支持新型碳化硅、刚玉等磨料磨具和耐火材料、特种陶瓷材料、高强度石油压裂支撑剂研发与产业化发展；大力发展旅行箱包、户外装备、高端餐厨用品等铝基消费品。

1.6.2.2 专利运用需求

通过对上述产业涉及的企业，以及贵阳市高校与科研院所开展专利运用需求调研工作，笔者发现：在专利转让方面，有少部分调研对象未进行专利转让但有咨询意愿，其中，高校与科研院所占比较大；在专利许可方面，未进行专利许可但有咨询意愿的调研对象较多，调研对象对专利许可有一定重视，但仍需推广；在专利质押方面，未开展质押融资工作但有咨询意愿的高校与科研院所数量最多，但基于现有制度，质押工作开展存在一定阻碍；在专利作价入股方面，企业未进行专利作价入股但有咨询意愿的占比较大，高校与科研院所开展程度有待提高。

第 2 章　贵阳市高校与科研院所有效专利分类分级评价

2.1　贵阳市高校与科研院所有效专利统计情况

截至 2022 年 6 月 10 日，贵阳市高校与科研院所共有 10190 件有效专利。其中，实用新型专利数量最多，共计 5826 件；发明专利次之，共计 3246 件；外观设计专利数量最少，仅 1118 件。贵阳市高校与科研院所有效专利类型分布如图 2-1 所示。

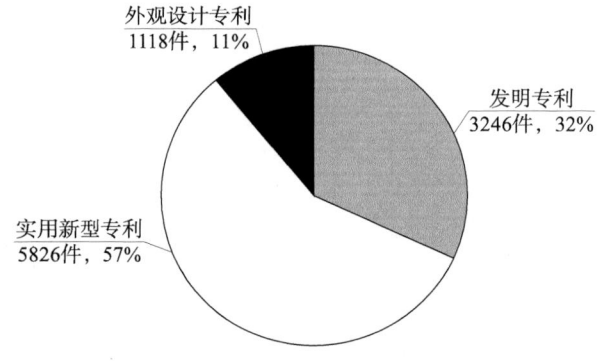

图 2-1　贵阳市高校与科研院所有效专利类型分布

对贵阳市高校与科研院所存量专利转化情况进行统计后发现，贵阳市高校与科研院所未开展转化的专利占有效专利总量的 95% 以上。

2.2 专利评价体系

2.2.1 专利评价体系简介

为更好地助力高校与科研院所开展专利转化，笔者使用了一套以客观评价为主、针对高校与科研院所有效专利的分级分类评价体系。该专利评价体系通过自动与半自动结合的综合定量分析评价，得出有效专利价值评价结果，能够客观反映高校与科研院所有效专利的价值。

2.2.1.1 适用对象

该专利评价体系主要适用于有效的发明专利、实用新型专利和外观设计专利的评价，未授权专利或已失效专利不适用该专利评价体系。

2.2.1.2 指标甄选

专利价值评估采用的指标基于技术、法律、市场三个维度，不同专利类型选取的评价指标不同。

（1）技术指标

技术指标主要从四个方向、六个指标对有效专利的技术价值进行评价，具体评价方向（指标）包括技术依存性（引证次数）、技术复杂度（创新点数量）、不可规避性（首权字数）、技术创造性（权利要求数量变化、实质审查时长、被引证次数）。

（2）法律指标

法律指标主要从两个方向、三个指标对有效专利的法律价值进行评价，具体评价方向（指标）包括有效期、专利文本质量（授权文本权利要求数量、专利文献页数）。

（3）市场指标

市场指标主要从两个方向、四个指标对有效专利的市场价值进行评价，具体评价方向（指标）包括申请地、转化情况（转让情况、质押情况、许可情况）。

2.2.1.3 技术领域分类

该专利评价体系参考《国际专利分类与国民经济行业分类参照关系表（2018）》，对专利按照国民经济行业进行了划分。

2.2.1.4 权重分配及计算

（1）发明专利和实用新型专利

从技术指标、法律指标和市场指标三个维度对发明专利和实用新型专利的价值进行评价。

三个维度在整体专利价值度得分中占比系数分别为 $R1\%$、$R2\%$、$R3\%$，且 $R1\% + R2\% + R3\% = 100\%$；每个维度分别设置若干支撑指标，每项指标最高分值为 10 分。

技术指标中的引证次数、创新点数量、首权字数、权利要求数量变化、实质审查时长、被引证次数六个具体指标对应的权重分别表示为 $R101\%$、$R102\%$、$R103\%$、$R104\%$、$R105\%$、$R106\%$，且 $R101\% + R102\% + R103\% + R104\% + R105\% + R106\% = R1\%$。

法律指标中的有效期、授权文本权利要求数量、专利文献页数三大指标对应的权重分别表示为 $R201\%$、$R202\%$、$R203\%$，且 $R201\% + R202\% + R203\% = R2\%$。

市场指标中的申请地、转让情况、质押情况、许可情况四大指标对应的权重分别表示为 $R301\%$、$R302\%$、$R303\%$、$R304\%$，且 $R301\% + R302\% + R303\% + R304\% = R3\%$。

根据三个维度和加分项的评价结果计算发明专利价值度，结合对应产业技术领域分配公式如下：

专利价值度 = [($R1\%$ × 技术指标分值)/(60÷100) + ($R2\%$ × 法律指标分值)/(30÷100) + ($R3\%$ × 市场指标分值)/(40÷100)]

即专利价值度 = 10 × [($R101\%$ × 引证次数分值 + $R102\%$ × 创新点数量分值 + $R103\%$ × 首权字数分值 + $R104\%$ × 权利要求数量变化分值 + $R105\%$ × 实质审查时长分值 + $R106\%$ × 被引证次数分值) + ($R201\%$ × 有效期分值 +

$R202\% \times$ 授权文本权利要求数量分值 $+ R203\% \times$ 专利文献页数分值)$+ (R301\% \times$ 申请地分值 $+ R302\% \times$ 转让情况分值 $+ R303\% \times$ 质押情况分值 $+ R304\% \times$ 许可情况分值)]

对实用新型专利无法进行评价的指标（权利要求数量变化、实质审查时长），在实际评价时将直接赋予 0 分。

（2）外观设计专利

从法律指标和市场指标两个维度对外观设计专利的价值进行评价。

两个维度在整体专利价值度得分中占比系数分别为 $R2\%$、$R3\%$，且 $R2\% + R3\% = 100\%$；每个维度分别设置若干支撑指标，以提高专利价值评价的准确性。

法律指标中的有效期对应的权重表示为 $R201\%$，且 $R201\% = R2\%$。

市场指标中的申请地、转让情况、质押情况、许可情况四大指标对应的权重分别表示为 $R301\%$、$R302\%$、$R303\%$、$R304\%$，且 $R301\% + R302\% + R303\% + R304\% = R3\%$。

根据两个维度和加分项的评价结果计算外观设计专利价值度，结合对应产业技术领域分配公式如下：

专利价值度 $= [(R2\% \times$ 法律指标分值$)/(10 \div 100) + (R3\% \times$ 市场指标分值$)/(40 \div 100)]$

即专利价值度 $= 10 \times [(R201\% \times$ 有效期分值$) + (R301\% \times$ 申请地分值 $+ R302\% \times$ 转让情况分值 $+ R303\% \times$ 质押情况分值 $+ R304\% \times$ 许可情况分值)]

2.2.2 发明专利和实用新型专利评价指标体系

2.2.2.1 发明专利和实用新型专利评价指标

根据发明专利和实用新型专利的特点，从技术指标、法律指标和市场指标三个维度，结合产业技术领域对专利进行评价，得出专利价值评估结果。

（1）技术指标

根据对四个方向、六项指标的评价分数，得出技术维度指标的专利价值评价结果。发明专利和实用新型专利技术维度指标说明如表 2-1 所示，包括评价指标的定义、评价依据和评价标准。

表 2-1 发明专利和实用新型专利技术维度指标说明

评价指标	定义	评价依据	评价标准
引证次数	被评估专利引证其他文献的次数	专利著录项信息	引证次数越多,技术依存性越高
创新点数量	在当前进行专利价值评估的时间点,专利涉及技术方案的创新点数量	通过国际专利分类号(IPC)数量的多少来确定技术创新点数量	IPC数量越多,技术创新点越多
首权字数	在专利授权文本中,首项权利要求中非必要技术特征的数量	专利著录项信息	授权文本首项权利要求字数越少,专利不可规避性越高
权利要求数量变化	专利授权文本中权利要求数量与专利申请文本权利要求数量比值	专利授权文本权利要求原文与专利申请文本权利要求原文	权利要求数量减少得越少,创造性越高
实质审查时长	在专利审查过程中,被评估专利实质审查阶段时长	专利著录项信息	授权专利审查时间越短,创造性越高
被引证次数	被其他专利引证的次数	专利著录项信息	被引证次数越多,创造性越高

发明专利和实用新型专利技术维度指标的评价标准如表 2-2 所示。

表 2-2 发明专利和实用新型专利技术维度指标评价标准

评价指标	评分细则					
	10 分	8 分	6 分	4 分	2 分	0 分
引证次数	<3 次	3~4 次	5~6 次	7~8 次	>8 次	—
创新点数量	>3 个	3 个	2 个	1 个	—	—
首权字数	180 字以下	181~270 字	271~380 字	381~650 字	651 字以上	—
权利要求数量变化	比值≥1	0.8≤比值<1	0.6≤比值<0.8	0.4≤比值<0.6	比值<0.4	—
实质审查时长	13 个月以内	多于 13 个月,不超过 18 个月	多于 18 个月,不超过 24 个月	多于 24 个月,不超过 36 个月	多于 36 个月	—
被引证次数	>8 次	7~8 次	5~6 次	3~4 次	<3 次	—

(2) 法律指标

根据对两个方向、三项指标的评价分数,得出法律维度指标的专利价值评价结果。发明专利和实用新型专利法律维度指标说明如表 2-3 所示,包括评价指标的定义、评价依据和评价标准。

表2-3 发明专利和实用新型专利法律维度指标说明

评价指标	定义	评价依据	评价标准
有效期	被评估专利剩余的保护年限	专利著录项信息	剩余保护年限越多，有效期越长
授权文本权利要求数量	被评估专利的授权文本权利要求数量		授权文本权利要求数量越多，专利文本质量越高
专利文献页数	被评估专利的专利文献页数		专利文献页数越多，专利文本质量越高

发明专利和实用新型专利法律维度指标的评价标准如表2-4所示。

表2-4 发明专利和实用新型专利法律维度指标评价标准

评价指标	评分细则					
	10分	8分	6分	4分	2分	0分
有效期	多于15年，不超过20年	多于10年，不超过15年	多于6年，不超过10年	多于3年，不超过6年	3年以内	—
授权文本权利要求数量	>8条	6~8条	4~5条	2~3条	1条	—
专利文献页数	>12页	9~12页	—	5~8页	<5页	—

（3）市场指标

根据对四个方向、四项指标的评价分数，得出市场维度指标的专利价值评价结果。发明专利和实用新型专利市场维度指标说明如表2-5所示，包括评价指标的定义、评价依据和评价标准。

表2-5 发明专利和实用新型专利市场维度指标说明

评价指标	定义	评价依据	评价标准
申请地	被评估专利是否在多个国家（地区）进行专利申请	专利著录项信息	专利及其同族专利是否根据《专利合作条约》（PCT）申请专利，是否进入其他国家（地区）
转让情况	被评估专利是否进行过转让及转让的次数		专利是否进行过转让及转让的次数
质押情况	被评估专利是否进行过专利质押		专利是否进行过质押
许可情况	被评估专利进行专利许可的情况		专利进行许可的类型

发明专利和实用新型专利市场维度指标评价标准如表 2-6 所示。

表 2-6　发明专利和实用新型专利市场维度指标评价标准

评价指标	评分细则					
	10 分	8 分	6 分	4 分	2 分	0 分
申请地	申请 PCT 专利并进入多个国家（地区）阶段	申请 PCT 专利并进入 1 个国家（地区）	申请国内专利与 PCT 专利但未进入国家（地区）阶段	只申请国内专利	—	—
转让情况	转让 4 次以上	转让 3 次	转让 2 次	转让 1 次	—	未进行转让
质押情况	已进行质押	—	—	—	—	未进行质押
许可情况	独占许可	排他许可	普通许可	—	—	未进行许可

2.2.2.2　发明专利和实用新型专利评价指标权重

结合专业技术人员和知识产权人员的建议，笔者对发明专利和实用新型专利评价指标权重分配进行设定，具体如表 2-7 所示。

表 2-7　发明专利和实用新型专利评价指标权重分配情况

评价层面	评价指标	占比/%
技术指标 （40%）	引证次数	4%
	创新点数量	5%
	首权字数	8%
	权利要求数量变化	10%
	实质审查时长	8%
	被引证次数	5%
法律指标 （25%）	有效期	8%
	授权文本权利要求数量	10%
	专利文献页数	7%
市场指标 （35%）	申请地	10%
	转让情况	8%
	质押情况	9%
	许可情况	8%

2.2.2.3 发明专利和实用新型专利价值度计算

结合发明专利和实用新型专利的评价指标权重及指标评分，可以得到发明专利和实用新型专利最终综合价值度，具体公式如下：

专利价值度（V）= $10 \times [$（$4\% \times$ 引证次数分值 + $5\% \times$ 创新点数量分值 + $8\% \times$ 首权字数分值 + $10\% \times$ 权利要求数量变化分值 + $8\% \times$ 实质审查时长分值 + $5\% \times$ 被引证次数分值）+（$8\% \times$ 有效期分值 + $10\% \times$ 授权文本权利要求数量分值 + $7\% \times$ 专利文献页数分值）+（$10\% \times$ 申请地分值 + $8\% \times$ 转让情况分值 + $9\% \times$ 质押情况分值 + $8\% \times$ 许可情况分值）$]$

2.2.3 外观设计专利评价指标体系

2.2.3.1 外观设计专利评价指标

根据外观设计专利的特点，从法律指标和市场指标两个维度对专利进行评价，得出专利价值评估结果。

（1）法律指标

在外观设计专利法律维度指标中，只有一项评价标准，即有效期，其定义是指被评估专利的剩余保护年限；评价依据是专利著录项信息；评价标准是剩余保护年限越长，有效期越长。

外观设计专利法律维度指标评价标准如表 2 – 8 所示。

表 2 – 8 外观设计专利法律维度指标评价标准

评价指标	评分细则					
	10 分	8 分	6 分	4 分	2 分	0 分
有效期	多于 15 年，不超过 20 年	多于 10 年，不超过 15 年	多于 6 年，不超过 10 年	多于 3 年，不超过 6 年	3 年以内	—

（2）市场指标

根据对四个方向、四项指标的评价分数，得出市场维度指标的专利价值评价结果。外观设计专利市场维度指标说明如表 2 – 9 所示，包括评价指标的定义、评价依据和评价标准。

表 2-9 外观设计专利市场维度指标说明

评价指标	定义	评价依据	评价标准
申请地	被评估的专利是否在多个国（地区）进行专利申请	专利著录项信息	专利及其同族专利是否申请 PCT 专利，是否进入其他国家（地区）
转让情况	被评估的专利是否进行过转让及转让的次数		专利是否进行过转让及转让的次数
质押情况	被评估的专利是否进行过专利质押		专利是否进行过质押
许可情况	被评估的专利进行专利许可的情况		专利进行许可的类型

外观设计专利市场维度指标评价标准如表 2-10 所示。

表 2-10 外观设计专利市场维度指标评价标准

评价指标	评分细则					
	10 分	8 分	6 分	4 分	2 分	0 分
申请地	申请 PCT 专利并进入多个国家（地区）	申请 PCT 专利并进入 1 个国家（地区）	申请国内专利与 PCT 专利但未进入国家（地区）阶段	只申请国内专利	—	—
转让情况	转让 4 次以上	转让 3 次	转让 2 次	转让 1 次	—	未进行转让
质押情况	已进行质押	—	—	—	—	未进行质押
许可情况	独占许可	排他许可	普通许可	—	—	未进行许可

2.2.3.2 外观设计专利评价指标权重

结合专业技术人员和知识产权人员的建议，笔者对外观设计专利指标权重进行设定，具体如表 2-11 所示。

表 2-11 外观设计专利评价指标权重分配情况

评价层面	评价指标	占比
法律指标（20%）	有效期	20%
市场指标（80%）	申请地	25%
	转让情况	25%
	质押情况	15%
	许可情况	15%

2.2.3.3 外观设计专利价值度计算

根据外观设计专利的评价指标权重及指标评分,可以得到外观设计专利最终综合价值度,具体公式如下:

专利价值度 (V) = 10 × [(20% × 有效期分值) + (25% × 申请地分值 + 25% × 转让情况分值 + 15% × 质押情况分值 + 15% × 许可情况分值)]

2.2.4 专利分级标准

根据评分结果,可以将发明专利、实用新型专利、外观设计专利分为核心、重要、普通、低价值四大等级,具体分级规则如表 2-12 所示。

表 2-12 专利分级规则

专利分级	分级规则
核心	价值度得分 ≥ 70 分
重要	60 分 ≤ 价值度得分 < 70 分
普通	40 分 ≤ 价值度得分 < 60 分
低价值	价值度得分 < 40 分

2.3 专利评价结果及分析

2.3.1 整体专利评价结果

笔者通过对贵阳市高校与科研院所 10190 件有效专利的评价,按照核心专利、重要专利、普通专利和低价值专利四大等级进行划分,如图 2-2 所示。

可以看出,在贵阳市高校与科研院所的有效专利中,绝大部分专利是普通专利,占专利总量的七成;价值最高的核心专利只占有效专利的 9.69%;而低价值专利的比例则较低,只占总量的 2.85%。

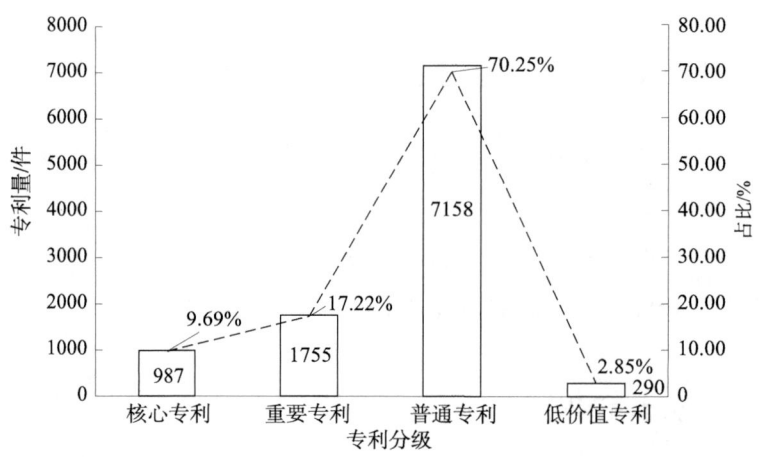

图 2-2 贵阳市高校与科研院所有效专利分级情况

笔者基于《国际专利分类与国民经济行业分类参照关系表（2018）》，对贵阳市高校与科研院所有效专利的主要国民经济行业分类情况进行分析，结果如图2-3所示，技术领域主要涉及C409（其他仪器仪表制造）、C433（专用设备修理）、C402（专用仪器仪表制造）、C401（通用仪器仪表制造）、C432（通用设备修理）、C358（医疗仪器设备及器械制造）、C354（印刷、制药、日化及日用品生产专用设备制造）、C357（农、林、牧、渔专用机械制造）、C352（化工、木材、非金属加工专用设备制造）、C435（电气设备修理）。

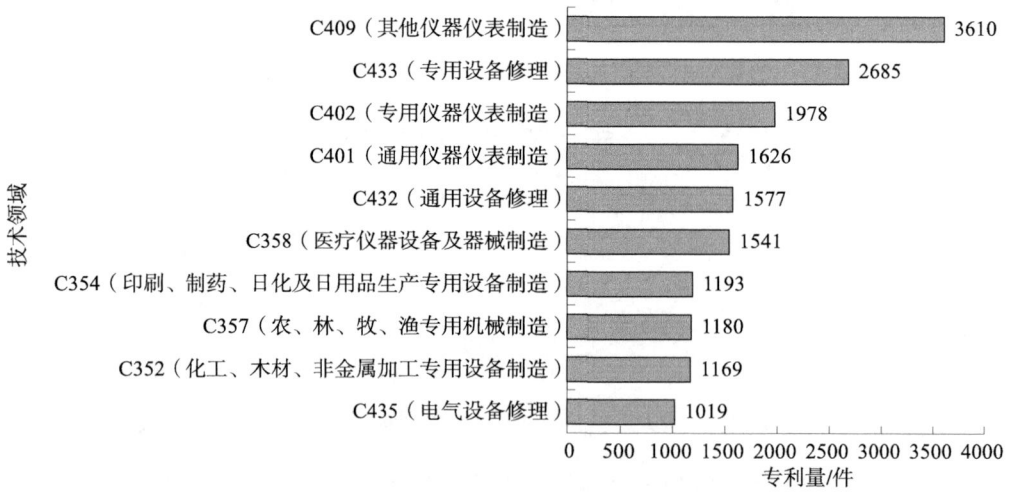

图 2-3 贵阳市高校与科研院所有效专利国民经济行业分类情况

注：图中各技术领域因存在数据交叉情况，故各技术领域的有效专利数量之和大于有效专利总量；本章同类图同本注释。

可以看出，在贵阳市高校与科研院所的有效专利涉及的技术领域中，有效专利数量最多的是 C409（其他仪器仪表制造），相关专利共计 3610 件；其后依次是 C433（专用设备修理）、C402（专用仪器仪表制造）、C401（通用仪器仪表制造）、C432（通用设备修理）、C358（医疗仪器设备及器械制造）。

贵阳市高校与科研院所有效专利分级与技术领域分布情况如图 2-4 所示。

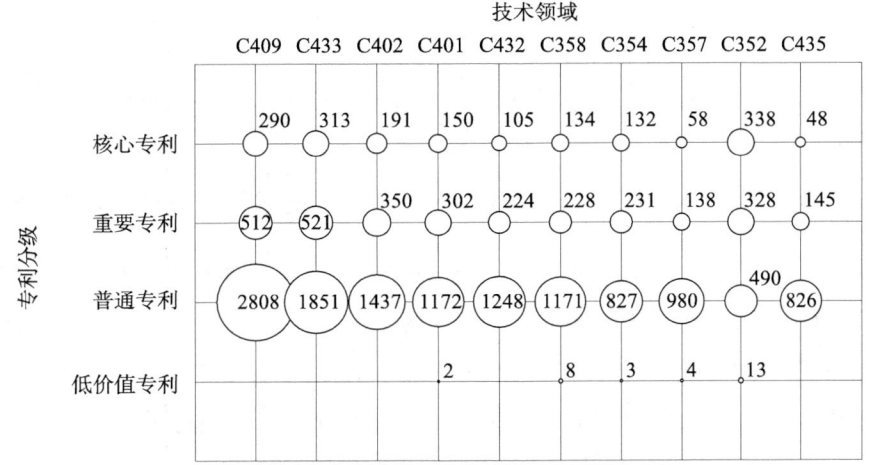

图 2-4　贵阳市高校与科研院所有效专利分级与技术领域分布情况

注：图中数字表示专利量，单位为件。由于各技术领域存在数据交叉，因此各技术领域的有效专利数量之和大于有效专利总量；本章同类图同本注释。

可以看出，依旧是以普通专利作为各技术领域的主体；在专利分级方面，依旧保持普通专利＞重要专利＞核心专利＞低价值专利的数量比例；在低价值专利方面，C409（其他仪器仪表制造）、C433（专用设备修理）、C402（专用仪器仪表制造）、C432（通用设备修理）、C435（电气设备修理）领域没有低价值专利。

贵阳市高校与科研院所的有效专利涉及的主要技术领域中，核心专利占比情况如图 2-5 所示。

可以看出，C352（化工、木材、非金属加工专用设备制造）是核心专利占比最高的技术领域；而 C433（专用设备修理）、C354（印刷、制药、日化及日用品生产专用设备制造）也是核心专利占比高于平均值的技术领域。

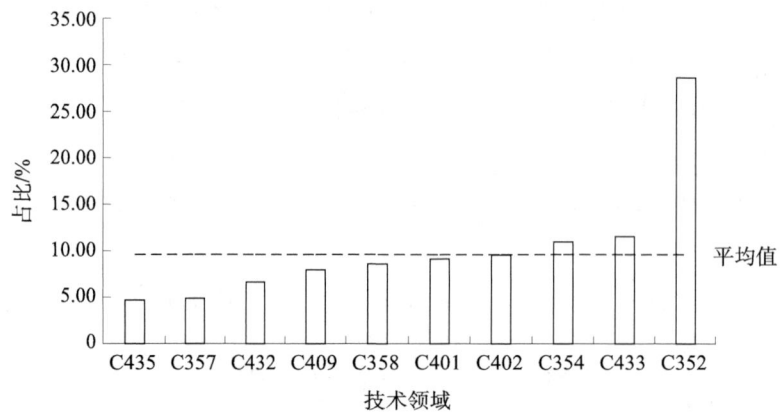

图 2-5　贵阳市高校与科研院所有效专利涉及的主要技术领域核心专利占比情况

综合来看，在贵阳市高校与科研院所有效专利中，有接近一成为核心专利，低价值专利整体占比较小。有关仪器仪表制造、设备修理和医疗仪器领域是有效专利涉及最多的技术领域，C352（化工、木材、非金属加工专用设备制造）、C433（专用设备修理）、C354（印刷、制药、日化及日用品生产专用设备制造）领域的核心专利占比较高；C352（化工、木材、非金属加工专用设备制造）、C401（通用仪器仪表制造）、C354（印刷、制药、日化及日用品生产专用设备制造）领域的低价值专利占比较高。可以看出，C352（化工、木材、非金属加工专用设备制造）和 C354（印刷、制药、日化及日用品生产专用设备制造）领域的专利价值呈现一定程度的两极分化。

2.3.2　转化专利评价结果

按照核心专利、重要专利、普通专利和低价值专利四大等级进行划分，对贵阳市高校与科研院所发生转化的 469 件有效专利进行评价（此处转化专利不包括在有效专利里），结果如图 2-6 所示。

可以看出，在贵阳市高校与科研院所转化的专利中，大部分专利是重要专利，占专利总量的 39%；价值最高的核心专利在转化专利中的占比也相对较高，占比为 35%；值得注意的是，转化专利中没有低价值专利。

贵阳市高校与科研院所转化专利的主要国民经济行业分类情况如图 2-7 所示。

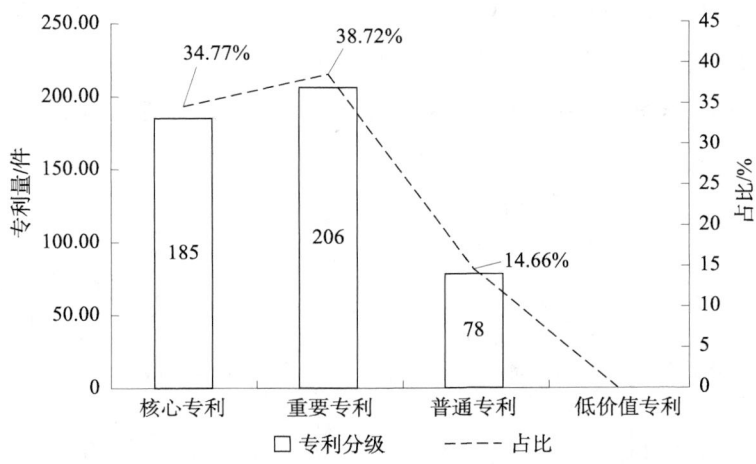

图 2-6　贵阳市高校与科研院所转化专利分级情况

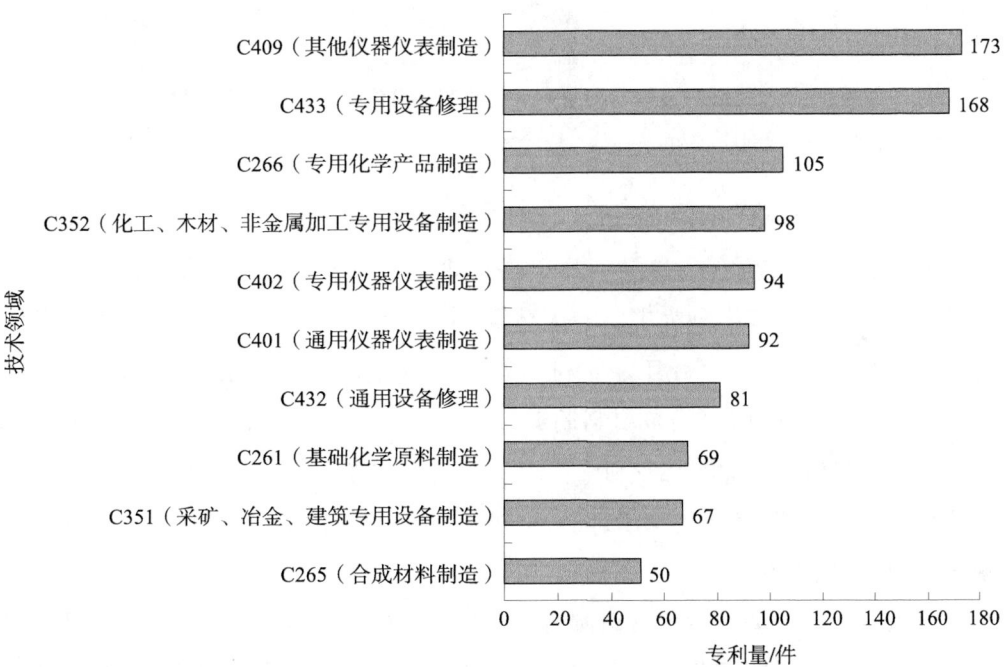

图 2-7　贵阳市高校与科研院所转化专利国民经济行业分类情况

可以看出，在贵阳市高校与科研院所转化的专利中，技术领域涉及最多的是 C409（其他仪器仪表制造）和 C433（专用设备修理），分别有 173 件和 168 件专利。其他技术领域包括 C266（专用化学产品制造）、C352（化工、木材、非金属加工专用设备制造）、C402（专用仪器仪表制造）、C401（通用仪器仪表制造)、C432（通用设备修理）、C261（基础化学原料制造）、C351（采矿、冶金、建筑专用设备制造）、C265（合成材料制造）。

贵阳市高校与科研院所转化专利分级与技术领域分布情况如图2-8所示。

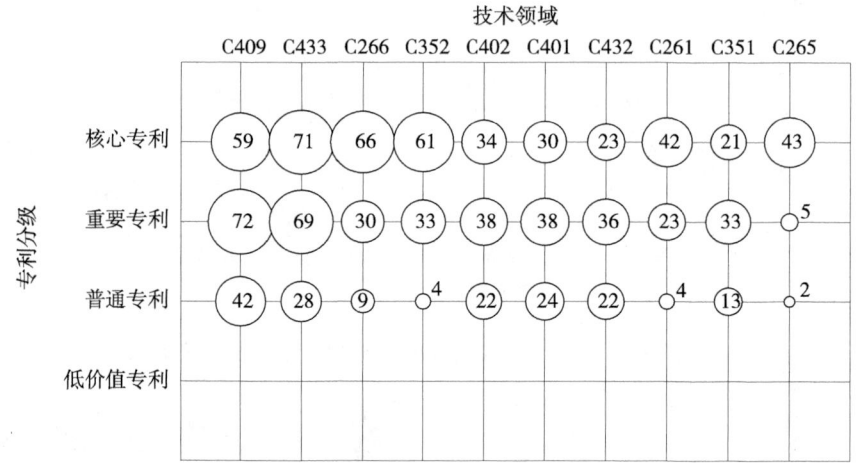

图2-8 贵阳市高校与科研院所转化专利分级与技术领域分布情况

注：图中数字表示专利量，单位为件。

可以看出，C409（其他仪器仪表制造）、C402（专用仪器仪表制造）、C401（通用仪器仪表制造）、C432（通用设备修理）、C351（采矿、冶金、建筑专用设备制造）等以重要专利为主要转化对象；C433（专用设备修理）、C266（专用化学产品制造）、C352（化工、木材、非金属加工专用设备制造）、C261（基础化学原料制造）、C265（合成材料制造）以核心专利为主要转化对象。此外，贵阳市高校与科研院所的转化专利中，均未涉及低价值专利。

在贵阳市高校与科研院所的转化专利涉及的主要技术领域中，核心专利占比情况如图2-9所示。

可以看出，C265（合成材料制造）、C266（专用化学产品制造）、C352（化工、木材、非金属加工专用设备制造）、C261（基础化学原料制造）、C433（专用设备修理）的核心专利占比均高于核心专利占比平均值的技术领域。

综合来看，贵阳市高校与科研院所转化专利以核心专利或重要专利为主，没有低价值专利进行转化，有关仪器仪表制造、设备修理、化学品制造、专用设备制造是转化专利涉及最多的技术领域。

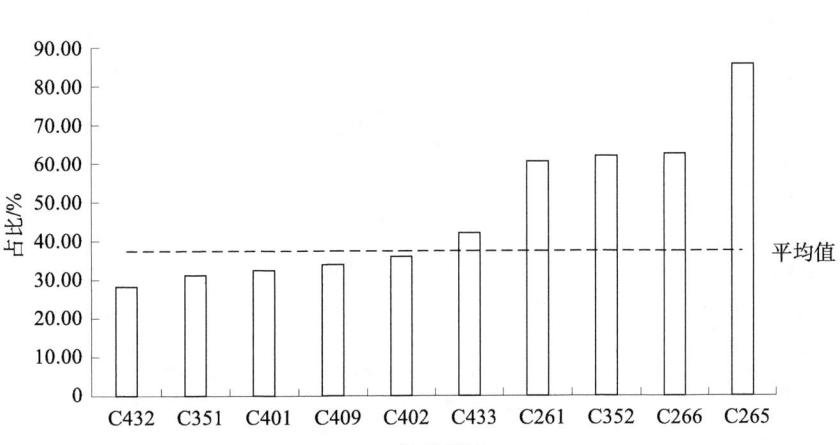

图 2-9　贵阳市高校与科研院所转化专利涉及的技术领域核心专利占比情况

2.4　贵阳学院专利资源分级分类评价

贵阳学院高度重视专利资源转移转化工作的开展，根据《人力资源社会保障部　财政部　科技部关于事业单位科研人员职务科技成果转化现金奖励纳入绩效工资管理有关问题的通知》《贵阳学院科技成果转化管理办法（修订）》的规定，持续推动科技成果转化工作开展，其间，将实用新型专利（CN201821021328.1 专利名称为"一种实验室用多功能分类垃圾桶"）实施转化。2022 年 3 月，随着该专利转让合同的签订，这一项科技成果得到了实施应用。

为更好地开展专利转移转化工作，笔者整体梳理了贵阳学院专利成果资源情况，对贵阳学院尚未开展专利转化工作的 323 件专利进行评价，并开展聚类分析，为后续工作提供专利情报支撑。

按照核心专利、重要专利、普通专利和低价值专利四大等级进行划分，得到贵阳学院有效专利分级情况，如图 2-10 所示。

可以看出，在贵阳学院的有效专利中，绝大部分专利是普通专利，有 268 件，占总量的八成以上；重要专利有 27 件，占有效专利的 8.36%；核心专利有 26 件，占有效专利的 8.05%；低价值专利的数量则较少，只有 2 件，占比低于 1%。

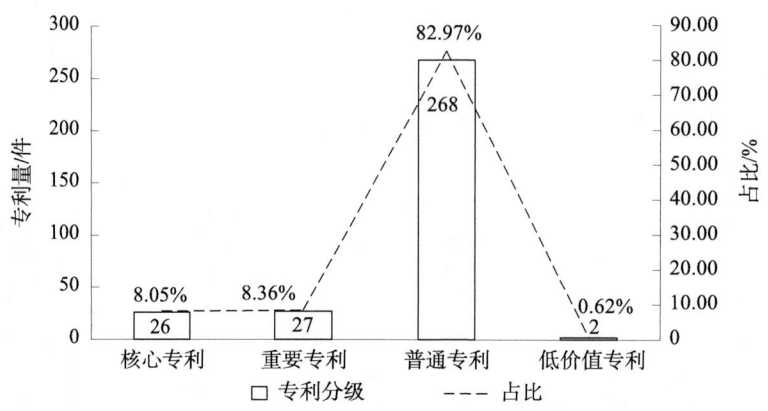

图 2-10 贵阳学院有效专利分级情况

贵阳学院有效专利的主要国民经济行业分类情况如图 2-11 所示。

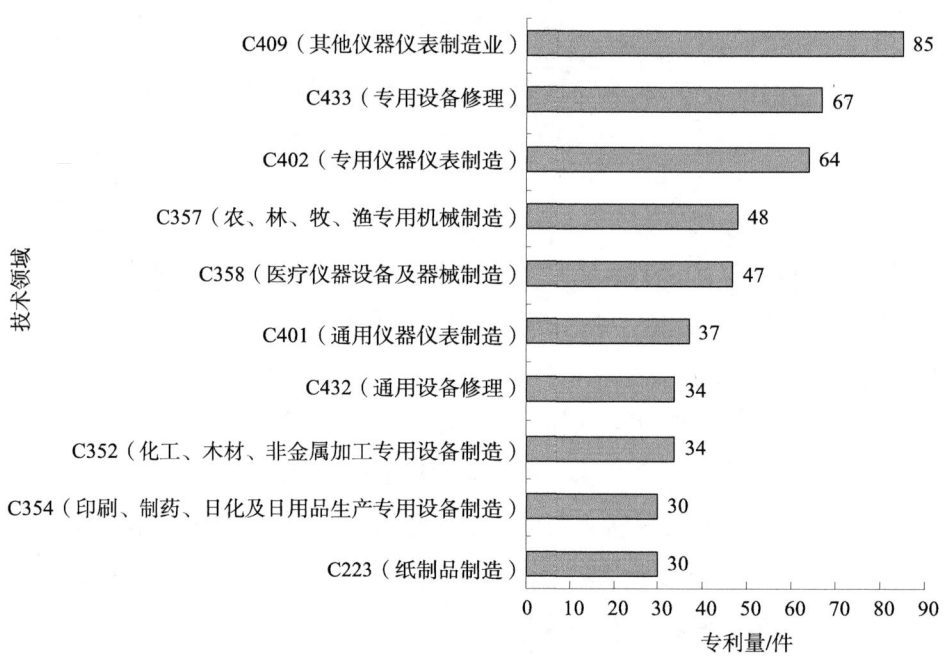

图 2-11 贵阳学院有效专利国民经济行业分类情况

可以看出，在贵阳学院的有效专利中，技术领域涉及最多的是 C409（其他仪器仪表制造），有 85 件。其他技术领域包括 C433（专用设备修理）、C402（专用仪器仪表制造）、C357（农、林、牧、渔专用机械制造）、C358（医疗仪器设备及器械制造）、C401（通用仪器仪表制造）、C352（化工、木材、非金属

52

加工专用设备制造)、C432(通用设备修理)、C354(印刷、制药、日化及日用品生产专用设备制造)、C223(纸制品制造)。

将贵阳学院有效专利分级情况及行业分类情况相结合,可以得到图2-12所示的贵阳学院有效专利分级分类。

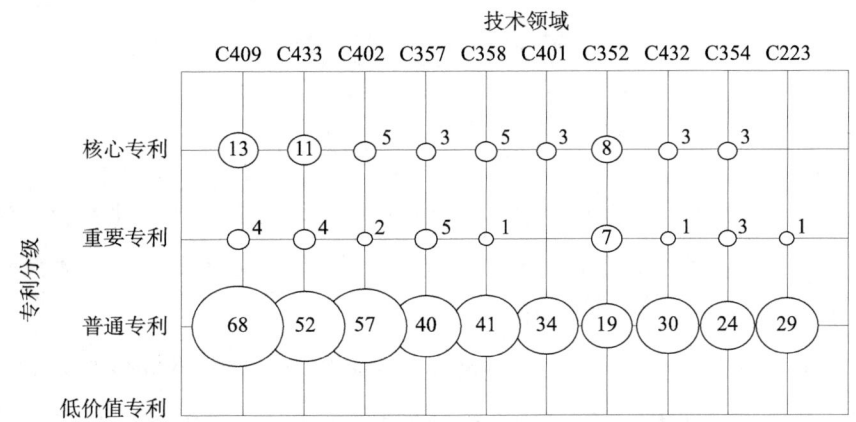

图2-12 贵阳学院有效专利分级与技术领域分布情况

注:图中数字表示专利量,单位为件。

可以看出,在贵阳学院的有效专利中,普通专利的数量最多,其后依次是核心专利与重要专利,没有低价值专利。其中,贵阳学院核心专利、重要专利主要分布于化工、木材、非金属加工设备制造,其他仪器仪表制造业,专用设备修理三个方面,可为今后构建以核心专利、重要专利为中心的专利组合、开展专利资源转移转化的主要工作方向。

第 3 章 贵阳市高校与科研院所专利组合分析

针对我国高校与科研院所专利转化运用的问题,笔者通过构建专利组合的方式,按照贵阳市重点产业建立优势专利清单,以期为贵阳市高校与科研院所专利转化提供参考。

本章主要对贵阳市可以进行专利转化的专利组合进行筛选评价与分析,构建专利组合及价值评价体系。笔者基于搭建的专利组合及其价值评价体系,开展贵阳市高校与科研院所专利组合构建与评价实证研究,寻找有效专利中具有优先转化价值的专利组合,并形成专利组合,对专利组合权利稳定性、技术先进性、技术可替代性、技术可实施性评价、技术研发成本进行初步核算,从而清晰筛选出具有优先转化价值的专利组合的价值信息。

3.1 贵阳市高校与科研院所专利组合及价值评价体系构建理论

3.1.1 构建目的

贵阳市高校与科研院所专利组合及价值评价体系的构建主要基于以下三个方面。

第一,建立规范、科学、可操作、易操作的贵阳市高校与科研院所专利组合及价值评价体系。

第二,使专利信息分析更加明确,为专利组合转化应用导向目录的构建提供数据支撑。

第三，有效引导评价对象整合专利资源，加强薄弱环节，巩固专利优势，引导技术创新向实际生产力转化。

3.1.2 设计原则

第一，科学性原则。贵阳市高校与科研院所专利组合及其价值评价体系的建立依据科学性原则构建，数据是客观的专利统计数据；指标设计充分考虑数量类指标、质量类指标，包括绝对指标和相对指标。

第二，客观性原则。贵阳市高校与科研院所专利组合及其价值评价体系依据客观性原则，基于实际的专利统计数据，非主观臆断得到，指标对于数据的反映真实可靠。

第三，全面性原则。贵阳市高校与科研院所专利组合及其价值评价体系依据全面性原则构建，兼顾数量、质量、技术、法律、市场等指标，全面反映专利的技术质量、经济质量、市场价值等。

第四，实用性原则。贵阳市高校与科研院所专利组合及其价值评价体系依据实用性原则构建，在以往专利组合分析评价体系的基础上进行合理改进，各评价指标均可通过专利文献数据库提供的数据得出，在实际的专利分析评价工作中具有可操作性与可行性。

3.1.3 构建方法

3.1.3.1 核心领域专利集的确定方法

结合贵阳市高校与科研院所专利分级与技术领域分布结果，对贵阳市相关产业发展重点方向、主要 IPC 领域进行筛选，确定具有技术优势的核心领域，进而筛选获取核心领域专利集。

3.1.3.2 核心专利的确定方法

依托贵阳市高校与科研院所专利分级与技术领域分布结果及计算方法，识别每一核心技术领域的核心专利。

3.1.3.3 核心技术专利组合的确定方法

依据语义算法从专利的标题、摘要、权利要求中提取技术关键词，并与核心专利内容进行比对，明确相关专利中每一个词与核心专利中每一个词之间存在的远近关系，对每个词的权重与词频等技术指标进行运算，判别相关专利与核心专利的相关性，结合核心技术主题构建对应的专利检索策略，最终结合语义计算结果与检索结果得到所述核心技术对应的专利组合。

3.1.3.4 核心技术专利组合的价值评价方法❶

本书基于熵权－TOPSIS（technique for order preference by similarity to ideal solution）法，又称双基点法、逼近理想解排序法、优劣解距离法，对专利组合价值进行评价，将 TOPSIS 法用于评价过程中，用熵权计算权重，避免受人的主观因素影响，使评价结果更为客观。熵权－TOPSIS 法的计算步骤如图 3－1 所示。

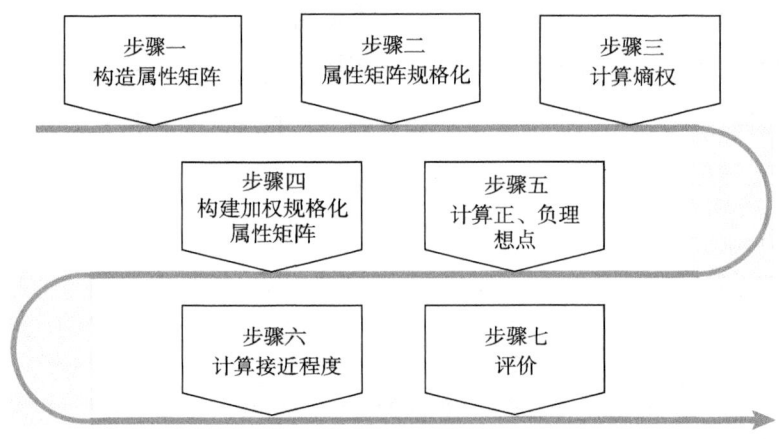

图 3－1　核心技术专利组合价值评价流程

---

❶ 张浩. 基于熵权－TOPSIS 的企业专利组合价值评价方法研究［D］. 武汉：华中科技大学，2017；数学中国．综合评价法：TOPSIS［EB/OL］．（2022－11－16）［2025－05－15］. https：//mp. weixin. qq. com/s?__biz = MjM5NzEyMzg4MA = = &mid = 2649474027&idx = 5&sn = 5965ad255d895683547cc1f63babfa31&chksm = bec1a1ac89b628ba07c93a5f7abd01b64b52d65efaf8bc6b25df99839c24a2ef6c2a979c7e38&scene = 27.

第一，构造属性矩阵。将待评价项目的各个属性值$\bar{a}_{ij}$按如下矩阵排列，构成属性矩阵$\bar{A}$，其中$\bar{a}_{ij}$全非负。

$$\bar{A} = \begin{bmatrix} \bar{a}_{11} & \bar{a}_{12} & \cdots & \bar{a}_{1j} \\ \vdots & \vdots & & \vdots \\ \bar{a}_{i1} & \bar{a}_{i2} & \cdots & \bar{a}_{ij} \end{bmatrix}$$

第二，属性矩阵规格化。将上述矩阵$\bar{A}$中各个专利组合的指标值按指标属性进行规格化，规格化计算矩阵如下：

$$a'_{ij} = \frac{\bar{a}_{ij} - \min_i \bar{a}_{ij}}{\max_i \bar{a}_{ij} - \min_i \bar{a}_{ij}}, \quad i \in I_1$$

$$a'_{ij} = \frac{\max_i \bar{a}_{ij} - \bar{a}_{ij}}{\max_i \bar{a}_{ij} - \min_i \bar{a}_{ij}}, \quad i \in I_2$$

$$a'_{ij} = \frac{|\bar{a}_{ij} - d|}{\max_i |\bar{a}_{ij} - d|}, \quad i \in I_3$$

第三，计算熵权。设第i项指标的熵为H_i，则：

$$H_i = -k \sum_{j=1}^{m} f_{ij} \ln f_{ij}$$

其中，$k = \ln n^{-1}$，f_{ij}为各指标的比重，$H_i \geq 0$，$k \geq 0$，当$f_{ij} = 0$时，$f_{ij} \ln f_{ij} = 0$，则指标i的熵权w_i为：

$$w_i = \frac{1 - H_i}{m - \sum_{i=1}^{m} H_i}$$

第四，构建加权规格化属性矩阵。将规格化属性矩阵$\bar{A}$加权，得到如下加权规格化属性矩阵：

$$A = W \times \begin{bmatrix} a_{11} & a_{12} & \cdots & a_{14} \\ a_{21} & a_{22} & \cdots & a_{24} \\ \vdots & \vdots & & \vdots \\ a_{41} & a_{42} & \cdots & a_{44} \end{bmatrix} = \begin{bmatrix} w_1 a'_{11} & w_1 a'_{12} & \cdots & w_1 a'_{1n} \\ w_2 a'_{21} & w_2 a'_{22} & \cdots & w_2 a'_{2n} \\ \vdots & \vdots & & \vdots \\ w_m a'_{m1} & w_m a'_{m2} & \cdots & w_m a'_{mn} \end{bmatrix}$$

第五，计算正、负理想点。求正理想点P^*：

$$P^* = \max_i \{a_{ij} \mid i = 1, 2, \cdots, m\} = (P_1^*, P_2^*, \cdots, P_m^*)^T$$

求负理想点 P^*：

$$P^* = \min_i \{a_{ij} \mid i = 1, 2, \cdots, m\} = (P_1^*, P_2^*, \cdots, P_m^*)^T$$

第六，计算接近程度。计算每个评价对象与最优和最劣方案的距离，矩阵如下：

$$D_i^+ = \left[\sum_{i=1}^m (P_i - P^*)^2\right]^{0.5}$$

$$D_i^- = \left[\sum_{i=1}^m (P_i - P^*)^2\right]^{0.5}$$

每个评价对象与最优方案的接近程度 C_i，$C_i \in [0, 1]$，矩阵如下：

$$C_i = D_i^- / (D_i^+ + D_i^-)$$

第七，对评价对象进行评价。根据计算得到的相对贴近度 C_i 值，将待评价对象按从小到大的方式排序并评价，C_i 越高则说明评价对象越好。

3.2 贵阳市高校与科研院所专利组合及其价值评价体系构建实践

3.2.1 核心领域专利集的确定

2022 年，贵阳市把新型工业化作为第一工程，牢固树立产业链思维，推行主导产业链"链长制"，狠抓工业目标、工业要素、工业项目、工业企业、工业产业、工业园区，着力打造"强省会"的核心引擎。贵阳市主要从以下方面入手。[1]

第一，围绕工业企业，深入实施市场主体培育"四转"工程，持续壮大工业单位、规上工业企业、龙头企业、上市企业，引进培育一批领军企业、隐形冠军、专精特新企业。

第二，加快推进新型城镇化，狠抓城市规划、城市承载能力、城市经济、城

---

[1] 何欣. 围绕"四新四化"，未来 5 年贵阳市将这样干 [EB/OL]. (2022-01-26) [2025-03-15]. https://baijiahao.baidu.com/s?id=1723016392597339767&wfr=spider&for=pc.

市品质、城市治理、城乡融合，着力优化"强省会"的空间载体。坚持高标准规划，突出生态、产业、韧性、海绵、智慧城市理念，统筹"三生空间""三大结构""三条控制线"，完善国土空间规划、详细规划、专项规划，加强重点区域的城市设计，提升城市品貌、品质、品位，构建"一心三核多组团、山水林城相融合"的城市空间格局。坚持人民城市人民建，从城市设施、功能、魅力入手，做实"路""产""城"等要素，积极发展城市经济，加快中心城区建设，让城市更为宜居宜业宜游。

第三，加快推进农业现代化，狠抓产业振兴、经营主体、土地经营、资金整合、美丽乡村、基层组织，着力夯实"强省会"的坚实根基。大力发展现代农业，精耕细作"稳粮、保供、优种、活市、联工"五大重点，推动种植业规模化、养殖业绿色化、加工业链条化、"农文旅"融合化、种苗业高端化，构建现代农业产业体系、生产体系、经营体系，做强做优现代山地特色高效都市农业。扎实推进乡村振兴，深化农村综合改革，稳妥有序抓好农村"四块地"改革，持续推进农村"三变"改革，鼓励引导工商资本参与乡村振兴。

第四，全力推进旅游产业化，狠抓产业目标、产业思路、产业项目、产业主体、产业业态、产业服务，着力擦亮"强省会"的亮丽名片。丰富"爽爽贵阳"内涵，坚持"以文塑旅、以旅彰文"，深入挖掘城市特色文化，大力发展"夜经济"，打造一批文化街区、购物中心、打卡胜地，服务市民和游客。

笔者依据贵阳市聚焦新型工业化和"强省会"各项目标任务，对其产业发展重点方向梳理如下：健康医药制造产业、蔬菜产业、烟草产业、生态种植产业、食用菌产业、中药材产业、生态特色食品产业、优质粮食产业、水果产业、铝及铝加工产业、磷化工产业、软件信息技术服务产业、先进装备制造产业、奶产业、生猪产业、电子信息制造产业、新能源汽车产业、水产品产业、刺梨产业、石斛产业、辣椒产业、茶产业、生态家禽产业、禽蛋产业等。

贵阳市高校与科研院所24个产业专利分布与排名情况如表3-1所示。

表3-1 贵阳市高校与科研院所产业专利分布与排名

产业名称	专利数量/件	专利数量排名	专利分级分类平均分/%	专利分级分类平均分排名
健康医药制造产业	588	1	69.41	2
蔬菜产业	448	5	64.05	4

续表

产业名称	专利数量/件	专利数量排名	专利分级分类平均分/%	专利分级分类平均分排名
烟草产业	403	9	62.94	5
中药材产业	108	4	64.22	11
生态种植产业	1045	15	59.40	1
生态特色食品产业	352	11	60.83	6
磷化工产业	100	7	63.34	13
铝及铝加工产业	35	2	65.57	20
软件信息技术服务产业	106	10	62.40	12
水果产业	114	12	60.66	10
优质粮食产业	306	16	59.34	7
食用菌产业	41	6	63.72	18
先进装备制造产业	703	22	56.09	2
奶产业	5	3	64.72	24
电子信息制造业	230	19	58.00	8
生猪产业	21	8	63.16	21
新能源产业	215	21	56.68	9
茶产业	39	14	59.50	19
水产品产业	47	17	59.03	17
辣椒产业	49	18	58.71	16
刺梨产业	62	20	57.31	14
石斛产业	12	13	59.57	22
生态家禽产业	54	23	54.43	15
禽蛋产业	8	24	52.10	23

笔者结合贵阳市高校与科研院所有效专利数量，基于专利分级与技术领域分布结果，对上述产业进行筛选，最终确定以健康医药制造产业、蔬菜产业、烟草产业、生态种植产业、食用菌产业、中药材产业、生态特色食品产业、优质粮食产业、水果产业、铝及铝加工产业、磷化工产业、软件信息技术服务产业、先进装备制造产业共13个核心产业的相关数据作为贵阳市高校与科研院所核心技术领域专利集。

3.2.2 核心专利的确定

根据本书第2章第2、3节的贵阳市高校与科研院所专利评价结果，可以识别贵阳市高校与科研院所下每一核心技术领域下的核心专利。通过检索及评分，笔者围绕健康医药制造产业、蔬菜产业、烟草产业、生态种植产业、食用菌产业、中药材产业、生态特色食品产业、优质粮食产业、水果产业、铝及铝加工产业、磷化工产业、软件信息技术服务产业、先进装备制造产业共13个核心产业，筛选出56件核心专利，其专利详细情况如表3-2所示。

表3-2 贵阳市高校与科研院所核心技术专利汇总

序号	申请号	名称	权利人
1	CN202011318255.4	面向理性用户的秘密重构方法、计算机设备、介质及终端	贵州财经大学
2	CN202110569369.4	一种基于三通道图像的恶意软件分类方法	贵州师范大学
3	CN202110662335.X	基于高斯过程回归与神经网络的滑坡位移预测方法	贵州大学
4	CN202011271060.9	隧道竖向沉降及拱壁压应力监测器及云端监测预警系统	贵州大学
5	CN202011137610.8	一种基于大数据处理的食品安全检测设备及其使用方法	贵州省生物技术研究所（贵州省生物技术重点实验室、贵州省马铃薯研究所、贵州省食品加工研究所）
6	CN202011139316.0	一种绿色功能因子食品制作设备及其制备方法	贵州省生物技术研究所（贵州省生物技术重点实验室、贵州省马铃薯研究所、贵州省食品加工研究所）
7	CN202110149574.5	一种产L-乳酸和乙酸乙酯的米酸发酵工艺及其专用菌	贵州大学
8	CN202110943162.9	一种长翼蝠来源抗菌肽MS-CATH及其应用	贵州师范大学
9	CN201811267051.5	穴式施肥和盖碗安放一体机	贵州省烟草科学研究院
10	CN201811371688.9	一种可调施肥距离的定距自走穴施肥机	贵州大学

续表

序号	申请号	名称	权利人
11	CN202111555239.1	一种植株叶面积垂直结构的异位获取方法	贵州省蚕业研究所（贵州省辣椒研究所）
12	CN202110417104.2	一种利用食用菌菌渣制备高效除磷活性炭的方法	贵州民族大学
13	CN202111387471.9	一种秀珍菇菌株黔秀3号及其应用	贵州省土壤肥料研究所（贵州省生态农业工程技术研究中心、贵州省农业资源与环境研究所）
14	CN202120632547.9	一种真菌保存装置	贵州民族大学
15	CN202111086019.9	基于全基因组重测序和KASP技术开发的烟草SNP标记及其应用	贵州省烟草科学研究院
16	CN201711222178.0	烟苗塑料罩便携式自动安装设备及控制方法	贵州省烟草科学研究院
17	CN201711369328.0	一种含嘧啶结构的氨基酸酯类化合物的制备及其抗烟草花叶病毒的用途	贵州理工学院
18	CN201710441187.2	一种辣椒的贮藏保鲜方法及其应用	贵州省蚕业研究所
19	CN201711015923.4	一种栽培木耳的抑菌培养基及其栽培方法	贵州大学
20	CN202110069915.8	一种用于耐镉蔬菜品种分类的产品	贵州省蚕业研究所（贵州省辣椒研究所）、贵州省山地资源研究所
21	CN202111389692.X	一种白色肺形侧耳及其栽培方法	贵州省土壤肥料研究所（贵州省生态农业工程技术研究中心、贵州省农业资源与环境研究所）
22	CN201910027967.1	一类杂环取代的1,3,4-噁（噻）二唑类化合物及其制备方法和用途	贵州大学
23	CN201911058408.3	一类含异丙醇胺亚结构的甘草次酸哌嗪类化合物及其制备方法和应用	贵州大学
24	CN201910028609.2	一类具有手性中心的咔唑基异丙醇胺衍生物的制备方法和应用	贵州大学
25	CN202010220664.4	一种含脒结构单元的喹唑啉酮化合物或其立体异构体，或其盐或其溶剂化物	贵州大学

续表

序号	申请号	名称	权利人
26	CN202011191312.7	一种用于防治樱桃果实褐腐病的农药组合物及樱桃果实褐腐病的采前防治方法	贵阳学院
27	CN201810776215.0	用于遗传育种的玉米群体的人工合成方法	贵州省旱粮研究所
28	CN201210531004.3	一种小麦钙网联蛋白片段 TaCRT1-206 及其编码序列与应用	贵州省油菜研究所
29	CN202010573792.7	一种用于酿酒高粱种子的引发剂、生产线及加工方法	贵州大学
30	CN202110419134.7	一种水稻氨基酸转运基因及其应用以及水稻育种方法	贵州大学
31	CN201410222848.9	治疗颈性心绞痛的药物及其制备方法	贵州中医药大学
32	CN201410304972.X	一种杜仲药材或原植物的快速分子鉴别方法	贵州中医药大学
33	CN201410626601.3	治疗肿瘤的药物及其制备方法	贵州中医药大学
34	CN201710827105.8	一种改善睡眠的药物及其制备方法	贵州中医药大学
35	CN202010215819.5	康艾扶正复方在制备抗新型冠状病毒感染药物中的应用	贵州省中国科学院天然产物化学重点实验室（贵州医科大学天然产物化学重点实验室）
36	CN201810715453.0	一种高铁赤泥与磷石膏的综合利用工艺	贵州大学
37	CN202110185676.2	一种利用含氟硅渣制备 SBA-15 分子筛并回收氟的方法	贵州大学
38	CN201910032015.9	一种高铁赤泥与废旧阴极协同处理资源化利用方法	贵州理工学院
39	CN201710629758.5	利用含锂铝质岩制备碳酸锂的方法	贵州大学
40	CN201610377696.9	一种多段双氧水❶去除氧化铝生产过程中的有机物的方法	贵州大学
41	CN201810411236.2	磷杂菲磷腈复配阻燃剂、复合材料及其制备方法和应用	贵州省材料产业技术研究院
42	CN201611081229.8	一种复合阻燃剂的制备方法	贵阳学院
43	CN201711125311.0	DOPO衍生物阻燃剂及其制备方法和应用	贵州省材料产业技术研究院
44	CN201910369489.2	阻燃性的复合材料及其制备方法	贵州省材料产业技术研究院

❶ 此处"双氧水"应为"过氧化氢"，下同。——编辑注

续表

序号	申请号	名称	权利人
45	CN201410818201.2	一种受阻酚类季鳞盐改性蒙脱土协效无卤膨胀阻燃剂的制备方法及应用	贵州师范大学
46	CN202010311217.X	Cynanoside H 在制备防治乳腺癌的药物中的应用	贵州省中国科学院天然产物化学重点实验室（贵州医科大学天然产物化学重点实验室）
47	CN201510603191.5	一种治疗肿瘤的药物及其制作方法	贵州中医药大学
48	CN201910615343.1	一种1,3-[2H,4H]-异喹啉二酮衍生物及其制备方法和应用	贵州医科大学
49	CN202010862113.8	一种抗HIV的抗体或其抗原结合片段及其制备方法和应用	贵州医科大学
50	CN201210365888.X	防治冠状动脉支架植入术后再狭窄的药物及制备方法	贵州中医药大学
51	CN201811164714.0	一种基于物联网的智能新能源汽车蓄电池输送装置	贵州师范大学
52	CN202110407888.0	基于飞秒激光加工的无铅压电陶瓷制备方法及无铅压电陶瓷	贵州大学
53	CN202111520885.4	一种石墨烯增强金属复合材料及其制备方法和应用	贵州大学
54	CN202010917417.X	一种激光剥蚀方法及其装置	中国科学院地球化学研究所
55	CN202110414311.2	铣刀磨损值的预测方法、装置、电子装置和存储介质	贵州大学
56	CN202110603775.8	一种贵州高海拔地区夏季佛手瓜架下种植大球盖菇出菇的方法	贵州省农业科技信息研究所（贵州省农业科技信息中心）、贵州省园艺研究所（贵州省园艺工程技术研究中心）

3.2.3 核心技术专利组合的确定

笔者围绕表3-2中的核心专利，开展基于核心专利的专利组合构建工作，最终结合语义计算结果与检索结果，获得贵阳市高校与科研院所核心技术对应的专利组合，如表3-3所示。

表 3-3 贵阳市高校与科研院所核心技术专利组合详细情况

序号	申请号	名称	组合专利
1	CN202011318255.4	面向理性用户的秘密重构方法、计算机设备、介质及终端	CN202011497921.5、CN201711093878.4、CN201610567942.7、CN202011530024.X、CN202110006804.2、CN201810574634.6、CN201911004437.1、CN202011549414.1、CN201811037457.4、CN202010415623.0、CN202010774978.9、CN201810941285.7、CN201710441488.5、CN202010383303.1、CN201710404398.9
2	CN202110569369.4	一种基于三通道图像的恶意软件分类方法	CN202110333207.0、CN201611230137.1、CN201410165290.5、CN201610001687.X、CN202010853770.6、CN201811575477.7、CN202110327153.7、CN201910923365.4、CN202010853759.X、CN202011501882.1
3	CN202110662335.X	基于高斯过程回归与神经网络的滑坡位移预测方法	CN202110966330.6、CN201610903094.2、CN201510334026.4
4	CN202011271060.9	隧道竖向沉降及拱壁压应力监测器及云端监测预警系统	CN202122449854.6、CN202220259996.8、CN201721367943.3、CN202121676096.5、CN202110428143.2、CN202121654552.6
5	CN202011137610.8	一种基于大数据处理的食品安全检测设备及其使用方法	CN202230057540.9、CN201810610585.7、CN202120998288.1、CN202220962473.X、CN202022091419.6、CN202123295918.8、CN202122223800.8、CN202220835665.4、CN202021984302.4、CN202120293950.3、CN202121095407.9、CN202020915751.7、CN202220835663.5、CN202020107063.8、CN202020107054.9、CN201810949548.9、CN202120293525.4、CN202022940130.7、CN202022195065.X、CN202220221409.6
6	CN202011139316.0	一种绿色功能因子食品制作设备及其制备方法	CN202130014631.X、CN202230061141.X、CN202120519197.5、CN202020456645.7、CN201721867644.6、CN201720319200.2、CN201720326754.5、CN202122280571.3、CN202022151812.X、CN201721378208.2

65

续表

序号	申请号	名称	组合专利
7	CN202110149574.5	一种产L-乳酸和乙酸乙酯的米酸发酵工艺及其专用菌	CN202022589746.4、CN202110148434.6、CN202022594592.8、CN202022605544.4
8	CN202110943162.9	一种长翼蝠来源抗菌肽MS-CATH及其应用	CN202110944825.9、CN201811546382.2、CN201811546304.2、CN202110944844.1、CN202110944826.3、CN201710294468.X
9	CN201811267051.5	穴式施肥和盖碗安放一体机	CN202020120114.0、CN201910808042.0、CN202020125475.4、CN202020120150.7、CN202120806356.X、CN202120051832.1、CN202120376434.7、CN202020332028.6、CN202120376435.1、CN201810690970.7、CN202022202299.2、CN202023275118.5、CN201921500352.8、CN201920067479.9、CN202020072309.2、CN202121313404.8、CN201920410568.9、CN201620182300.0、CN202020111057.X、CN202020125473.5、CN201920505962.0
10	CN201811371688.9	一种可调施肥距离的定距自走穴施肥机	CN202121182930.5、CN201910802646.4、CN202022124209.2、CN202121415307.X、CN202023247389.X、CN202120488229.X、CN202120654340.1、CN202020633020.3、CN201721807380.5、CN202220951314.X、CN202021491625.X、CN202022206155.4、CN201721378419.6、CN201821084012.7、CN201920410076.X、CN201921435126.6
11	CN202111555239.1	一种植株叶面积垂直结构的异位获取方法	CN201410512737.1、CN201410312400.6、CN202120397161.4、CN202021436407.6、CN202010359613.X、CN201010611142.3、CN201810311757.0
12	CN202110417104.2	一种利用食用菌菌渣制备高效除磷活性炭的方法	CN202030238537.8、CN202230196848.1、CN202030238538.2、CN202030239376.4、CN202030239357.1、CN202030238526.X、CN201810352974.4、CN202020230718.0、CN202020281937.1、CN202020230727.X、CN201922341469.2、CN202020230715.7、CN202121651215.1、CN202021347728.9、CN202020235982.3、CN201921731814.7、CN202120014502.5、CN201310089981.7

续表

序号	申请号	名称	组合专利
13	CN202111387471.9	一种秀珍菇菌株黔秀3号及其应用	CN202111411718.6、CN202111396334.1、CN202111501544.2
14	CN202120632547.9	一种真菌保存装置	CN202020230176.7、CN202020230171.4、CN202020230177.1、CN202021252874.3、CN201922341455.0、CN202230232118.2、CN202230232136.0、CN202230241914.2
15	CN202111086019.9	基于全基因组重测序和KASP技术开发的烟草SNP标记及其应用	CN201810524616.7、CN201310594033.9、CN201811339660.7、CN201811339759.7、CN201710157893.4、CN201810989309.6、CN201811512012.7、CN201811340505.7、CN201811358521.9、CN201811355451.1、CN201510636307.5、CN201610003588.5、CN201711320346.X、CN201711322924.3、CN201710939902.5、CN201610194873.X、CN201610877696.5、CN201610880289.X、CN201811196540.6、CN202011506161.X、CN201510859299.0、CN201510858859.0、CN202110686140.9、CN201410385968.0
16	CN201711222178.0	烟苗塑料罩便携式自动安装设备及控制方法	CN201410217600.3、CN201410090618.1、CN201310396121.8、CN201910787082.1、CN201911239550.8、CN201611193668.8、CN201410579991.3、CN201510656219.1、CN202122468322.7、CN202122506087.8、CN201720990180.1、CN202021074295.4
17	CN201711369328.0	一种含嘧啶结构的氨基酸酯类化合物的制备及其抗烟草花叶病毒的用途	CN201410173900.6、CN201711368042.0、CN201810416465.3、CN201910970977.9、CN201510682109.2、CN201710802860.0、CN201710066051.8
18	CN201710441187.2	一种辣椒的贮藏保鲜方法及其应用	CN201620378472.5、CN202120861302.3
19	CN201711015923.4	一种栽培木耳的抑菌培养基及其栽培方法	CN202220141039.5、CN202230006006.5
20	CN202110069915.8	一种用于耐镉蔬菜品种分类的产品	CN201710362772.3、CN202123311132.0
21	CN202111389692.X	一种白色肺形侧耳及其栽培方法	CN202111501544.2、CN202111420255.X、CN202111387471.9、CN202111396334.1、CN202111397850.6、CN202111411718.6

续表

序号	申请号	名称	组合专利
22	CN201910027967.1	一类杂环取代的1,3,4-噁(噻)二唑类化合物及其制备方法和用途	CN201610001867.8、CN201710269587.X、CN201910025308.4
23	CN201911058408.3	一类含异丙醇胺亚结构的甘草次酸哌嗪类化合物及其制备方法和应用	CN201910028604.X、CN201910028609.2、CN201911058407.9
24	CN201910028609.2	一类具有手性中心的咔唑基异丙醇胺衍生物的制备方法和应用	CN201910028604.X、CN201911058408.3、CN201911058407.9
25	CN202010220664.4	一种含脒结构单元的喹唑啉酮化合物或其立体异构体，或其盐或其溶剂化物	CN201611085303.3
26	CN202011191312.7	一种用于防治樱桃果实褐腐病的农药组合物及樱桃果实褐腐病的采前防治方法	CN201920521221.1、CN201922053275.2、CN201922052092.9、CN202121258745.X、CN202121492937.7、CN202220237217.4、CN202220237264.9
27	CN201810776215.0	用于遗传育种的玉米群体的人工合成方法	CN201711099775.9、CN201810776079.5、CN201810962090.0、CN202121243074.X
28	CN201210531004.3	一种小麦钙网联蛋白片段TaCRT1-206及其编码序列与应用	CN201610644282.8、CN202010090869.5、CN202110225360.1
29	CN202010573792.7	一种用于酿酒高粱种子的引发剂、生产线及加工方法	CN201921015878.7、CN202021904692.X、CN202122163877.0、CN202123287278.6
30	CN202110419134.7	一种水稻氨基酸转运基因及其应用以及水稻育种方法	CN201910542466.7、CN202110245121.2
31	CN201410222848.9	治疗颈性心绞痛的药物及其制备方法	CN201510385464.3、CN201611182158.0、CN201810124764.X
32	CN201410304972.X	一种杜仲药材或原植物的快速分子鉴别方法	CN201410733438.0、CN201810133568.9
33	CN201410626601.3	治疗肿瘤的药物及其制备方法	CN201510116185.7、CN201510603191.5、CN201911261796.5、CN202111196746.0

续表

序号	申请号	名称	组合专利
34	CN201710827105.8	一种改善睡眠的药物及其制备方法	CN201610635648.5、CN201810379606.9、CN201720034081.6
35	CN202010215819.5	康艾扶正复方在制备抗新型冠状病毒感染药物中的应用	CN202010215824.6、CN202010215167.5
36	CN201810715453.0	一种高铁赤泥与磷石膏的综合利用工艺	CN201810711201.0、CN201810711189.3、CN201810712942.0、CN201810712226.2、CN201810712412.6、CN201810712597.0、CN201810712860.6、CN201810712887.5、CN201810712517.1
37	CN202110185676.2	一种利用含氟硅渣制备SBA-15分子筛并回收氟的方法	CN201610484538.3、CN201810040690.1、CN201910819060.9、CN202110185665.4
38	CN201910032015.9	一种高铁赤泥与废旧阴极协同处理资源化利用方法	CN201610947337.2、CN201810711201.0、CN201810715453.0、CN201810711189.3、CN201810712226.2、CN201810712860.6、CN201810712887.5
39	CN201710629758.5	利用含锂铝质岩制备碳酸锂的方法	CN201310037306.X、CN201510487084.0、CN201610275569.8、CN201710630425.4
40	CN201610377696.9	一种多段双氧水去除氧化铝生产过程中的有机物的方法	CN201610275569.8、CN201610937026.8
41	CN201810411236.2	磷杂菲磷腈复配阻燃剂、复合材料及其制备方法和应用	CN201410818201.2、CN201810712551.9、CN201611081229.8
42	CN201611081229.8	一种复合阻燃剂的制备方法	CN201210328836.5、CN201410818201.2、CN201711125311.0、CN201810411236.2、CN201810712551.9、CN201810712860.6、CN201810712669.1
43	CN201711125311.0	DOPO衍生物阻燃剂及其制备方法和应用	CN201210328836.5、CN201910033085.6
44	CN201910369489.2	阻燃性的复合材料及其制备方法	CN201810411236.2、CN201922094155.7、CN201922092690.9

续表

序号	申请号	名称	组合专利
45	CN201410818201.2	一种受阻酚类季鏻盐改性蒙脱土协效无卤膨胀阻燃剂的制备方法及应用	CN201210518920.3、CN201410816496.X、CN201410816513.X、CN201610925854.X、CN201610993235.4、CN201711384446.9、CN201810712887.5
46	CN202010311217.X	Cynanoside H 在制备防治乳腺癌的药物中的应用	CN201710626039.8、CN201910145694.0、CN202010304667.6、CN202010909275.2
47	CN201510603191.5	一种治疗肿瘤的药物及其制作方法	CN201410626601.3、CN201510116185.7、CN201510496166.1、CN201811023983.5、CN202010338219.8、CN202010338159.X、CN202111196746.0
48	CN201910615343.1	一种1,3-[2H,4H]-异喹啉二酮衍生物及其制备方法和应用	CN201711000095.7、CN201910523379.7、CN201910871091.9
49	CN202010862113.8	一种抗HIV的抗体或其抗原结合片段及其制备方法和应用	CN201922208631.3、CN201922208588.0、CN202022089383.8
50	CN201210365888.X	防治冠状动脉支架植入术后再狭窄的药物及制备方法	CN201210480608.X、CN201922002159.8
51	CN201811164714.0	一种基于物联网的智能新能源汽车蓄电池输送装置	CN201620256122.1、CN201510418531.7、CN201620144534.6、CN201730031876.7、CN201910679331.5、CN201920709661.X、CN201921975683.7、CN202020708240.8、CN202120744839.1、CN202121200723.8、CN202121443619.1
52	CN202110407888.0	基于飞秒激光加工的无铅压电陶瓷制备方法及无铅压电陶瓷	CN201510235971.9、CN201811177222.5、CN201910697614.2、CN201720460023.X
53	CN202111520885.4	一种石墨烯增强金属复合材料及其制备方法和应用	CN201610250115.5、CN201811003555.6、CN201910886422.6、CN202010715404.4、CN202110506482.8
54	CN202010917417.X	一种激光剥蚀方法及其装置	CN201720651659.2、CN201721736936.6、CN201720651617.9、CN201720651654.X、CN202020611008.2

续表

序号	申请号	名称	组合专利
55	CN202110414311.2	铣刀磨损值的预测方法、装置、电子装置和存储介质	CN201910880597.6、CN202010436373.9、CN202110062495.0、CN201921329415.8
56	CN202110603775.8	一种贵州高海拔地区夏季佛手瓜架下种植大球盖菇出菇的方法	CN202110603801.7、CN202121830017.1

3.2.4 核心技术专利组合的价值评价

3.2.4.1 构造属性矩阵及数据规格化

笔者基于贵阳市高校与科研院所核心技术专利组合评价指标体系，选择5个核心专利组合为二级指标开展了指标数据的收集工作，对各个指标数据进行归一化处理，其目的是消除量纲以便不同指标之间可以相加减，最后得到归一化后的数据如表3-4所示。其中，各二级指标可能出现0和1，这是由于归一化消除量纲后，数据本身所代表的意义发生改变，因此其数值表示相对数值。

3.2.4.2 计算熵权

依据本章第3.1.3.4节中评价步骤三的计算熵权公式，可以开展贵阳市高校与科研院所核心技术专利各指标的熵权计算工作。

熵权反映的是数据之间差异性的大小，通过计算得到的数量指标、质量指标、技术指标、法律指标、市场指标分别为0.7247、0.1520、0.0653、0.0358、0.0221，其中，数量指标所占权重最大，市场指标权重最小。可以看出，贵阳市高校与科研院所56个核心产业专利组合在市场价值层面上比较接近，数量价值层面差异较大。

3.2.4.3 构建加权规格化属性矩阵

在得到贵阳市高校与科研院所核心技术专利各一级指标熵权的基础上，对各组合一级指标进行加权，得到加权规格化矩阵，如表3-5所示。

表3-4 贵阳市高校与科研院所核心技术专利组合各指标归一化数据

序号	二级指标	专利总数	专利技术份额	发明专利占比	平均专利价值度	平均专利被引证数	平均引证数	平均技术覆盖范围	平均发明人数	平均技术先进性指数	平均专利维持时间	平均权利要求数	平均首项权利要求字数	平均文本页数	平均同族专利数	平均专利剩余寿命	平均技术稳定性指数	平均专利审查时长	专利诉讼数量	市场需求性	市场竞争性
1	CN202011318255.4	0.5909	0.0035	1.0000	0.6338	0.0000	0.0000	0.1034	0.1003	0.4052	0.3670	0.0003	0.0000	0.0199	0.0476	0.8729	0.0002	0.3732	0.0000	0.1452	0.6248
2	CN202110569369.4	0.3636	0.0082	1.0000	0.7500	0.7875	0.1431	0.2437	0.0802	0.5269	0.4792	0.0004	0.6681	0.0190	0.0476	0.8341	0.0002	0.2112	0.0000	0.2165	0.8804
3	CN202110662335.X	0.0455	0.0032	1.0000	0.8047	0.0000	0.5556	0.3249	0.1279	0.6552	0.4557	0.0004	0.4777	0.0256	0.0476	0.8422	0.0003	0.5294	0.0000	0.0309	0.9002
4	CN202011271060.9	0.1818	0.0000	0.2857	0.5535	1.0000	0.2635	0.0928	0.1017	0.5517	0.1351	0.0008	0.7836	0.0116	0.0136	0.5862	0.0001	0.6765	0.0000	0.6946	0.0000
5	CN202011137610.8	0.8182	0.0055	0.1429	0.3672	0.1663	0.8730	0.2363	0.0886	0.1511	0.1337	0.0008	0.5689	0.0127	0.0067	0.5255	0.0001	0.2353	0.0000	0.4030	0.6660
6	CN202011139316.0	0.3636	0.0802	0.0909	0.3242	0.4772	0.8707	0.2584	1.0000	0.2508	0.3087	0.0007	0.5496	0.0105	0.0043	0.4493	0.0001	0.5588	0.0000	0.0150	0.9875
7	CN202110149574.5	0.0909	0.0000	0.4000	0.6875	0.0000	0.8933	0.3840	0.0326	0.5517	0.1411	0.0012	0.7636	0.0138	0.0190	0.6428	0.0002	0.8529	0.0000	1.0000	0.2962
8	CN202110943162.9	0.1818	0.0122	1.0000	0.7210	0.0000	0.5680	0.7468	0.0664	0.5117	0.2458	0.0006	0.8957	0.0160	0.0476	0.9149	0.0003	0.4118	0.0000	0.0947	0.9477
9	CN201811267051.5	0.8636	0.0212	0.1364	0.3785	0.2380	0.9520	0.0027	0.0729	0.0814	0.2919	0.0008	0.7654	0.0118	0.0065	0.4551	0.0001	0.5882	0.0000	0.0814	0.9025
10	CN201811371688.9	0.6364	0.0235	0.1176	0.4715	0.1029	0.8745	0.1684	0.0711	0.1866	0.2594	0.0009	0.7122	0.0120	0.0056	0.4568	0.0001	0.6029	0.0000	0.0814	0.9318
11	CN202111555239.1	0.2273	0.0445	0.7500	0.6582	0.2188	0.6222	0.0480	0.1279	0.3793	0.6080	0.0009	0.5596	0.0171	0.0357	0.6610	0.0002	0.5685	0.0000	0.0083	0.9835
12	CN202110417104.2	0.7273	0.0178	0.1580	0.1980	0.1842	0.9346	0.0068	0.0343	0.1161	0.2721	0.0007	0.6611	0.0092	0.0075	0.4866	0.0001	0.6274	0.0000	0.1055	0.9001
13	CN202111387471.9	0.0455	0.0014	1.0000	0.6094	0.0000	0.6000	0.9895	0.2326	0.3793	0.0000	0.0012	0.9666	0.0175	0.0476	1.0000	0.0001	0.8676	0.0000	0.2486	0.8156
14	CN202120632547.9	0.2727	0.0196	0.0000	0.0000	0.0000	1.0000	0.1285	0.1112	0.0000	0.1323	0.0008	0.6971	0.0077	0.0000	0.5260	0.0000	1.0000	0.0000	0.0104	0.9574
15	CN202111086019.9	1.0000	0.0132	1.0000	0.7813	0.2800	0.4311	0.3662	0.1181	0.6400	0.6039	0.0003	0.5561	0.0344	0.0571	0.7909	0.0002	0.2235	0.0000	0.0822	0.8246
16	CN201711222178.0	0.4545	0.0034	0.6923	0.6680	0.2692	0.8907	0.0409	0.1091	0.3819	0.6346	0.0008	0.6180	0.0137	0.0329	0.6222	0.0002	0.4347	0.0000	0.1681	0.6867
17	CN201711369328.0	0.2273	0.1046	1.0000	0.7559	0.0000	0.4000	0.1957	0.1163	0.5172	0.6736	0.0003	0.7844	0.0151	0.0476	0.7668	0.0003	0.0919	0.0000	0.0138	0.9934
18	CN201710441187.2	0.0000	0.0100	0.3333	0.4792	0.0000	0.8222	0.0295	0.0620	0.3218	0.5261	0.0009	0.7900	0.0094	0.0159	0.4753	0.0002	0.0000	0.0000	0.0284	0.9734

第 3 章 贵阳市高校与科研院所专利组合分析

续表

序号	二级指标	专利总数	专利技术份额	发明专利占比	平均专利价值度	平均专利被引证数	平均引证数	平均技术覆盖范围	平均发明人数	平均技术先进性指数	平均专利维持时间	平均权利要求数	平均首项权利要求字数	平均文本页数	平均同族专利数	平均专利剩余寿命	平均技术稳定性指数	平均专利审查时长	专利诉讼数量	市场需求性	市场竞争性
19	CN201711015923.4	0.0000	0.0077	0.3333	0.2188	0.0000	0.9407	0.1772	0.0930	0.3218	0.1897	0.0008	0.4873	0.0134	0.0159	0.6774	0.0001	0.0882	0.0000	0.0426	0.9660
20	CN202110069915.8	0.0000	0.0047	0.6667	0.6094	0.0000	0.6444	0.1280	0.0930	0.4138	0.2622	0.0010	0.9075	0.0128	0.0317	0.7379	0.0002	0.3235	0.0000	0.0501	0.9464
21	CN202110603775.8	0.0000	0.0139	0.6667	0.3490	0.0000	0.7037	0.0295	0.1628	0.0000	0.0640	0.0013	0.8449	0.0139	0.0317	0.8065	0.0001	0.6324	0.0000	0.0259	0.9807
22	CN202111389692.X	0.1818	0.0030	1.0000	0.6652	0.2500	0.5683	1.0000	0.2359	0.4729	0.0007	0.0013	0.9725	0.0165	0.0476	0.9998	0.0000	0.8529	0.0000	0.2486	0.8156
23	CN201910027967.1	0.0455	0.0863	1.0000	1.0000	0.0000	0.5556	0.5464	0.1395	1.0000	0.6031	0.0004	0.9820	0.0444	0.0476	0.7912	0.0003	0.0000	0.0000	0.0083	0.9963
24	CN201911058408.3	0.0455	0.0199	1.0000	0.8047	0.0000	0.7778	0.6203	0.1337	0.6897	0.3677	0.0010	0.8873	0.0405	0.0476	0.8727	0.0001	0.0294	0.0000	0.0263	0.9818
25	CN201910028609.2	0.0455	0.0086	1.0000	0.8047	0.0000	0.7778	0.6203	0.1337	0.6897	0.3677	0.0010	0.8873	0.0405	0.0476	0.8727	0.0001	0.0294	0.0000	0.0859	0.9586
26	CN202010220664.4	0.0455	0.2395	1.0000	0.8047	0.0000	0.6000	0.3987	0.1453	0.6552	0.7176	1.0000	0.4613	1.0000	1.0000	0.0000	0.0003	0.3456	0.0000	0.0013	0.9992
27	CN202011191312.7	0.2273	0.1513	0.1250	0.2676	0.0000	0.9778	0.1034	0.0843	0.0172	0.1530	0.0007	0.7638	0.0239	0.0060	0.4974	0.0001	0.7059	0.0000	0.0104	0.9956
28	CN201810776215.0	0.0909	0.0026	0.8000	0.8438	0.0000	0.8933	0.0000	0.0930	0.6345	0.4316	0.0002	0.6037	0.0094	0.0381	0.7478	0.0002	0.0074	0.0000	0.1485	0.8513
29	CN201210531004.3	0.0455	0.0033	1.0000	0.7070	0.0000	0.7333	0.2511	0.1337	0.5517	0.6622	0.0000	0.7907	0.0162	0.0476	0.7707	0.0003	0.6324	0.0000	0.0547	0.9017
30	CN202010573792.7	0.0909	0.0213	0.2000	0.3750	0.0000	0.6444	0.2363	0.0651	0.1931	0.1548	0.0012	0.7339	0.0128	0.0095	0.5353	0.0001	0.7353	0.0000	0.0538	0.9785
31	CN202110419134.7	0.0000	0.0023	1.0000	0.6094	0.0000	0.1704	0.3741	0.1395	0.2299	0.1868	0.0013	0.9115	0.0321	0.0476	0.9353	0.0002	0.6471	0.0000	0.0547	0.9017
32	CN202010222848.9	0.0455	0.0332	1.0000	1.0000	0.0000	0.4222	0.1403	0.1744	0.9310	0.8413	0.5164	0.9320	0.1813	0.2381	0.3211	0.0003	0.0956	0.0000	0.0526	0.9892
33	CN201410304972.X	0.0000	0.0004	1.0000	0.8698	0.5834	0.9407	0.1280	0.1008	0.5977	0.9005	0.0013	1.0000	0.0304	0.0476	0.6882	0.0003	0.2941	0.0000	0.7831	0.7344
34	CN201410626601.3	0.0909	0.0038	1.0000	0.9219	0.0000	0.7867	0.5907	0.0977	0.6621	0.6540	0.0012	0.7620	0.0148	0.0476	0.7736	0.0002	0.1235	0.0000	0.5002	0.8907
35	CN201710827105.8	0.0455	0.0137	0.7500	0.7070	0.0000	0.5556	0.4357	0.0814	0.5517	0.6676	0.0006	0.6435	0.0158	0.0357	0.6404	0.0002	0.1569	0.0000	0.1139	0.9736
36	CN202010215819.5	0.0000	0.0248	1.0000	0.8698	0.0000	0.8222	0.2264	0.1395	0.6897	0.2492	0.0001	0.9589	0.0162	0.0476	0.9137	0.0003	0.5392	0.0000	0.0526	0.9892

续表

序号	二级指标	专利总数	专利技术份额	发明专利占比	平均专利价值度	平均专利被引证数	平均引证数	平均技术覆盖范围	平均发明人数	平均技术先进性指数	平均专利维持时间	平均权利要求数	平均首项权利要求字数	平均文本页数	平均同族专利数	平均专利剩余寿命	平均技术稳定性指数	平均专利审查时长	专利诉讼数量	市场需求性	市场竞争性
37	CN201810715453.0	0.3182	0.0043	1.0000	0.6875	0.0000	0.3956	0.5169	0.1047	0.4138	0.5054	0.0009	0.4465	0.0094	0.0476	0.8250	0.0003	0.2912	0.0000	0.2436	0.8049
38	CN202110185676.2	0.0909	0.1065	1.0000	0.6094	0.3500	0.1467	0.0886	0.0791	0.3586	0.3892	0.0009	0.8040	0.0104	0.0476	0.8652	0.0001	0.4294	0.0000	0.0000	0.9962
39	CN201910032015.9	0.2273	0.0230	1.0000	0.7070	0.0000	0.5431	0.7310	0.1251	0.4828	0.5267	0.0009	0.2487	0.0100	0.0476	0.8176	0.0003	0.3603	0.0000	0.0246	0.9677
40	CN201710629758.5	0.0909	0.0200	1.0000	0.7656	0.7000	0.3244	0.2068	0.0512	0.6069	0.8723	0.0004	0.7218	0.0056	0.0476	0.6980	0.0003	0.4529	0.0000	0.0309	0.9772
41	CN201610377696.9	0.0000	0.0022	1.0000	1.0000	0.0000	0.7031	0.0295	0.1007	0.8276	0.7991	0.0005	0.4649	0.0082	0.0476	0.7233	0.0003	0.4412	0.0000	0.2537	0.9004
42	CN201810411236.2	0.0455	0.1298	1.0000	0.8047	0.0000	0.6000	0.3249	0.1395	0.6207	0.7014	0.0013	0.7074	0.0149	0.0476	0.7572	0.0003	0.4338	0.0000	0.0083	0.9978
43	CN201611081229.8	0.2273	0.1342	1.0000	0.8555	0.0000	0.6444	0.5287	0.1251	0.6731	0.7231	0.0015	0.6395	0.0179	0.0476	0.7496	0.0003	0.4594	0.0000	0.0121	0.9950
44	CN201711125311.0	0.0000	0.0972	1.0000	1.0000	0.0000	0.8809	0.3249	0.1163	0.7352	0.7983	0.0023	0.8025	0.0259	0.0633	0.7236	0.0003	0.5391	0.0000	0.0083	0.9978
45	CN201910369489.2	0.0455	0.0029	0.5000	0.5117	0.0000	0.6889	0.4726	0.1337	0.3448	0.3760	0.0013	0.7347	0.0124	0.0238	0.6129	0.0002	0.3824	0.0000	0.2470	0.8927
46	CN201410818201.2	0.2273	0.0043	1.0000	0.7578	0.0000	0.4667	0.4179	0.1309	0.5517	0.8763	0.0010	0.6891	0.0154	0.0476	0.6966	0.0003	0.4153	0.0000	0.3162	0.8445
47	CN201910311217.X	0.0909	0.0087	1.0000	0.9219	0.3500	0.4667	0.8270	0.1256	0.8276	0.3426	0.0010	0.8167	0.0295	0.0476	0.0009	1.0000	0.4412	0.0000	0.1919	0.9484
48	CN201510603191.5	0.2273	0.0064	1.0000	0.7578	0.0000	0.5182	0.3810	0.0902	0.5352	0.6080	0.0009	0.8243	0.0000	0.0476	0.7895	0.0001	0.0074	0.0000	0.5482	0.8900
49	CN201910615343.1	0.0455	0.1065	1.0000	0.9023	0.0000	0.9111	0.3249	0.0872	0.7931	0.4130	0.0007	0.7957	0.0299	0.0476	0.8570	0.0003	0.3676	0.0000	0.0038	0.9971
50	CN202010862113.8	0.0455	0.0085	0.2500	0.3164	0.0000	0.8667	0.2880	0.0000	0.0690	0.2362	0.0003	0.7483	0.0124	0.0119	0.5328	0.0001	0.7647	0.0000	0.0359	0.9580
51	CN201210365888.X	0.0000	1.0000	1.0000	0.7383	0.0000	0.8809	0.1285	0.1163	0.5972	1.0000	0.0003	0.9637	0.0134	0.0319	0.4825	0.0002	0.3824	0.0000	0.0046	1.0000
52	CN201811164714.0	0.4091	0.0285	0.2500	0.6406	0.8750	0.8809	0.2983	0.0523	0.4717	0.4424	0.0007	0.6060	0.0125	0.0119	0.4614	0.0001	0.1374	0.0000	0.0597	0.9605
53	CN202110407888.0	0.0909	0.0149	0.8000	0.3750	0.0000	0.5022	0.2363	0.0465	0.1103	0.5112	0.0006	0.7608	0.0135	0.0381	0.7202	0.0002	0.3603	0.0000	0.0601	0.9694
54	CN202111520885.4	0.1364	0.0099	1.0000	0.6094	0.0000	0.7636	0.3987	0.0891	0.3683	0.3190	0.0010	0.6734	0.0179	0.0476	0.8896	0.0002	0.5244	0.0000	0.1035	0.9455
55	CN202010917417.X	0.1364	0.0005	0.1667	0.3477	0.5775	1.0000	0.0546	0.0309	0.1379	0.5002	0.0006	0.7769	0.0119	0.0081	0.3986	0.0001	0.7353	0.0000	0.2278	0.5178
56	CN202110414311.2	0.0909	0.0032	0.8000	0.7656	0.3500	0.4667	0.1772	0.0884	0.4138	0.2218	0.0012	0.5163	0.0060	0.0476	0.8204	0.0002	0.5147	0.0000	0.0576	0.8743

表 3－5　贵阳市高校与科研院所核心技术专利各一级指标加权规格化矩阵

序号	加权一级指标	数量指标	质量指标	技术指标	法律指标	市场指标
1	CN202011318255.4	0.2154	0.1241	0.0080	0.0075	0.0057
2	CN202110569369.4	0.1348	0.1330	0.0233	0.0101	0.0081
3	CN202110662335.X	0.0176	0.1371	0.0217	0.0107	0.0069
4	CN202011271060.9	0.0659	0.0638	0.0263	0.0099	0.0051
5	CN202011137610.8	0.2984	0.0388	0.0198	0.0066	0.0079
6	CN202011139316.0	0.1608	0.0315	0.0373	0.0084	0.0074
7	CN202110149574.5	0.0329	0.0826	0.0243	0.0109	0.0096
8	CN202110943162.9	0.0703	0.1308	0.0247	0.0113	0.0077
9	CN201811267051.5	0.3206	0.0391	0.0176	0.0095	0.0073
10	CN201811371688.9	0.2391	0.0448	0.0183	0.0092	0.0075
11	CN202111555239.1	0.0985	0.1070	0.0182	0.0110	0.0073
12	CN202110417104.2	0.2700	0.0271	0.0167	0.0093	0.0074
13	CN202111387471.9	0.0170	0.1223	0.0288	0.0130	0.0079
14	CN202120632547.9	0.1059	0.0000	0.0162	0.0106	0.0071
15	CN202111086019.9	0.3671	0.1353	0.0240	0.0102	0.0067
16	CN201711222178.0	0.1659	0.1034	0.0221	0.0106	0.0063
17	CN201711369328.0	0.1203	0.1334	0.0161	0.0107	0.0074
18	CN201710441187.2	0.0036	0.0617	0.0161	0.0081	0.0074
19	CN201711015923.4	0.0028	0.0419	0.0200	0.0066	0.0074
20	CN202110069915.8	0.0017	0.0970	0.0167	0.0102	0.0074
21	CN202110603775.8	0.0050	0.0772	0.0117	0.0107	0.0074
22	CN202111389692.X	0.0670	0.1265	0.0330	0.0130	0.0079
23	CN201910027967.1	0.0478	0.1520	0.0293	0.0111	0.0074
24	CN201911058408.3	0.0237	0.1371	0.0290	0.0101	0.0074
25	CN201910028609.2	0.0196	0.1371	0.0290	0.0101	0.0077
26	CN202010220664.4	0.1032	0.1371	0.0235	0.0203	0.0074
27	CN202011191312.7	0.1372	0.0298	0.0155	0.0096	0.0074
28	CN201810776215.0	0.0339	0.1249	0.0212	0.0082	0.0074
29	CN201210531004.3	0.0177	0.1297	0.0218	0.0131	0.0071
30	CN202010573792.7	0.0406	0.0437	0.0149	0.0098	0.0076
31	CN202110419134.7	0.0008	0.1223	0.0119	0.0124	0.0071
32	CN201410222848.9	0.0285	0.1520	0.0218	0.0140	0.0077
33	CN201410304972.X	0.0002	0.1421	0.0307	0.0133	0.0112

续表

序号	加权一级指标	数量指标	质量指标	技术指标	法律指标	市场指标
34	CN201410626601.3	0.0343	0.1460	0.0279	0.0107	0.0103
35	CN201710827105.8	0.0214	0.1107	0.0212	0.0097	0.0080
36	CN202010215819.5	0.0090	0.1421	0.0245	0.0122	0.0077
37	CN201810715453.0	0.1169	0.1282	0.0187	0.0095	0.0077
38	CN202110185676.2	0.0715	0.1223	0.0134	0.0114	0.0074
39	CN201910032015.9	0.0907	0.1297	0.0246	0.0090	0.0073
40	CN201710629758.5	0.0402	0.1342	0.0247	0.0125	0.0074
41	CN201610377696.9	0.0008	0.1520	0.0217	0.0111	0.0085
42	CN201810411236.2	0.0635	0.1371	0.0220	0.0119	0.0074
43	CN201611081229.8	0.1310	0.1410	0.0258	0.0118	0.0074
44	CN201711125311.0	0.0352	0.1520	0.0269	0.0132	0.0074
45	CN201910369489.2	0.0175	0.0769	0.0214	0.0096	0.0084
46	CN201410818201.2	0.0839	0.1336	0.0205	0.0123	0.0086
47	CN202010311217.X	0.0361	0.1460	0.0339	0.0120	0.0084
48	CN201510603191.5	0.0847	0.1336	0.0199	0.0102	0.0106
49	CN201910615343.1	0.0551	0.1445	0.0277	0.0113	0.0074
50	CN202010862113.8	0.0195	0.0430	0.0160	0.0103	0.0073
51	CN201210365888.X	0.3623	0.1321	0.0225	0.0129	0.0074
52	CN201811164714.0	0.1585	0.0677	0.0337	0.0075	0.0075
53	CN202110407888.0	0.0383	0.0893	0.0117	0.0108	0.0076
54	CN202111520885.4	0.0530	0.1223	0.0212	0.0111	0.0077
55	CN202010917417.X	0.0496	0.0391	0.0235	0.0109	0.0055
56	CN202110414311.2	0.0341	0.1190	0.0195	0.0095	0.0069

3.2.4.4 计算加权规格化属性矩阵和正、负理想点

基于表3-5,求得各指标的加权规格化属性矩阵和正、负理想点如下:

$$P^* = [0.3671, 0.1520, 0.0373, 0.0203, 0.0112]$$
$$P_* = [0.0002, 0.0000, 0.0080, 0.0066, 0.0051]$$

3.2.4.5 各专利组合与理想点间的接近程度计算

利用TOPSIS法,针对贵阳市高校与科研院所核心技术专利组合,计算其与

理想点间的接近程度，其结果如表 3-6 所示。

表 3-6　贵阳市高校与科研院所核心技术专利组合 TOPSIS 法计算结果

序号	申请号	接近程度
1	CN202111086019.9	0.9422
2	CN201210365888.X	0.9355
3	CN201811267051.5	0.7223
4	CN202011137610.8	0.6915
5	CN202110417104.2	0.6290
6	CN202011318255.4	0.6118
7	CN201811371688.9	0.5909
8	CN201711222178.0	0.4852
9	CN201611081229.8	0.4493
10	CN202110569369.4	0.4482
11	CN201811164714.0	0.4359
12	CN201711369328.0	0.4196
13	CN202011139316.0	0.4102
14	CN201810715453.0	0.4078
15	CN202010220664.4	0.3950
16	CN201910032015.9	0.3641
17	CN201510603191.5	0.3586
18	CN201410818201.2	0.3575
19	CN202011191312.7	0.3495
20	CN202111555239.1	0.3478
21	CN201910027967.1	0.3346
22	CN202110943162.9	0.3340
23	CN201910615343.1	0.3330
24	CN201810411236.2	0.3327
25	CN202111389692.X	0.3255
26	CN202110185676.2	0.3223
27	CN201711125311.0	0.3213
28	CN202010311217.X	0.3156
29	CN201410222848.9	0.3143
30	CN201410626601.3	0.3125

续表

序号	申请号	接近程度
31	CN201710629758.5	0.3010
32	CN202111520885.4	0.2977
33	CN201610377696.9	0.2939
34	CN201911058408.3	0.2904
35	CN201910028609.2	0.2870
36	CN202010215819.5	0.2857
37	CN202110662335.X	0.2841
38	CN201410304972.X	0.2819
39	CN201810776215.0	0.2797
40	CN201210531004.3	0.2732
41	CN202110414311.2	0.2704
42	CN202111387471.9	0.2629
43	CN202120632547.9	0.2594
44	CN202110419134.7	0.2495
45	CN201710827105.8	0.2457
46	CN202011271060.9	0.2292
47	CN202110407888.0	0.2246
48	CN202110149574.5	0.2096
49	CN202110069915.8	0.2084
50	CN201910369489.2	0.1828
51	CN20110603775.8	0.1730
52	CN202010917417.X	0.1617
53	CN202010573792.7	0.1484
54	CN201710441187.2	0.1426
55	CN202010862113.8	0.1164
56	CN201711015923.4	0.1030

3.2.4.6 对评价对象进行评价

对贵阳市高校与科研院所56个核心产业专利组合接近程度进行排序，筛选出前1/4的专利组合（按产业分类），作为具有优先转化价值的专利组合，详细信息如表3-7所示。

表 3－7　贵阳市高校与科研院所具有优先转化价值的专利组合详细信息

序号	产业分类	申请号	名称	组合专利
1	磷化工产业	CN201611081229.8	一种复合阻燃剂的制备方法	CN201210328836.5、CN201410818201.2、CN201711125311.0、CN201810411236.2、CN201810712551.9、CN201810712860.6、CN201810712669.1
2	烟草产业	CN201711369328.0	一种含嘧啶结构的氨基酸酯类化合物的制备及其抗烟草花叶病毒的用途	CN201410173900.6、CN201711368042.0、CN201810416465.3、CN201910970977.9、CN201510682109.2、CN201710802860.0、CN201710066051.8
3	健康医药制造产业	CN201210365888.X	防治冠状动脉支架植入术后再狭窄的药物及制备方法	CN201210480608.X、CN201922002159.8
4	烟草产业	CN202111086019.9	基于全基因组重测序和 KASP 技术开发的烟草 SNP 标记及其应用	CN201810524616.7、CN201310594033.9、CN201811339660.7、CN201811339759.7、CN201710157893.4、CN201810989309.6、CN201811512012.7、CN201811340505.7、CN201811358521.9、CN201811355451.1、CN201510636307.5、CN201610003588.5、CN201711320346.X、CN201711322924.3、CN201710939902.5、CN201610194873.X、CN201610877696.5、CN201610880289.X、CN201811196540.6、CN202011506161.X、CN201510859299.0、CN201510858859.0、CN202110686140.9、CN201410385968.0
5	铝及铝加工产业	CN201810715453.0	一种高铁赤泥与磷石膏的综合利用工艺	CN201810711201.0、CN201810711189.3、CN201810712942.0、CN201810712226.2、CN201810712412.6、CN201810712597.0、CN201810712860.6、CN201810712887.5、CN201810712517.1
6	软件信息技术服务产业	CN202110569369.4	一种基于三通道图像的恶意软件分类方法	CN202110333207.0、CN201611230137.1、CN201410165290.5、CN201610001687.X、CN202010853770.6、CN201811575477.7、CN202110327153.7、CN201910923365.4、CN202010853759.X、CN202011501882.1

续表

序号	产业分类	申请号	名称	组合专利
7	烟草产业	CN201711222178.0	烟苗塑料罩便携式自动安装设备及控制方法	CN201410217600.3、CN201410090618.1、CN201310396121.8、CN201910787082.1、CN201911239550.8、CN201611193668.8、CN201410579991.3、CN201510656219.1、CN202122468322.7、CN202122506087.8、CN201720990180.1、CN202021074295.4
8	软件信息技术服务产业	CN202011318255.4	面向理性用户的秘密重构方法、计算机设备、介质及终端	CN202011497921.5、CN201711093878.4、CN201610567942.7、CN202011530024.X、CN202110006804.2、CN201810574634.6、CN201911004437.1、CN202011549414.1、CN201811037457.4、CN202010415623.0、CN202010774978.9、CN201810941285.7、CN201710441488.5、CN202010383303.1、CN201710404398.9
9	先进装备制造产业	CN201811164714.0	一种基于物联网的智能新能源汽车蓄电池输送装置	CN201620256122.1、CN201510418531.7、CN201620144534.6、CN201730031876.7、CN201910679331.5、CN201920709661.X、CN201921975683.7、CN202020708240.8、CN202120744839.1、CN202121200723.8、CN202121443619.1
10	生态特色食品产业	CN202011139316.0	一种绿色功能因子食品制作设备及其制备方法	CN202130014631.X、CN202230061141.X、CN202120519197.5、CN202020456645.7、CN201721867644.6、CN201720319200.2、CN201720326754.2、CN202122280571.3、CN202022151812.X、CN201721378208.2
11	生态种植产业	CN201811371688.9	一种可调施肥距离的定距自走穴施肥机	CN202121182930.5、CN201910802646.4、CN202022124209.2、CN202121415307.X、CN202023247389.X、CN202120488229.X、CN202120654340.1、CN202020633020.3、CN201721807380.5、CN202220951314.X、CN202021491625.X、CN202022206155.4、CN201721378419.6、CN201821084012.7、CN201920410076.X、CN201921435126.6

续表

序号	产业分类	申请号	名称	组合专利
12	生态种植产业	CN201811267051.5	穴式施肥和盖碗安放一体机	CN202020120114.0、CN201910808042.0、CN202020125475.4、CN202020120150.7、CN202120806356.X、CN202120051832.1、CN202120376434.7、CN202020332028.6、CN202120376435.1、CN201810690970.7、CN202022202299.2、CN202023275118.5、CN201921500352.8、CN201920067479.9、CN202020072309.2、CN202121313404.8、CN201920410568.9、CN201620182300.0、CN202020111057.X、CN202020125473.5、CN201920505962.0
13	生态特色食品产业	CN202011137610.8	一种基于大数据处理的食品安全检测设备及其使用方法	CN202230057540.9、CN201810610585.7、CN202120998288.1、CN202220962473.X、CN202022091419.6、CN202123295918.8、CN202122223800.8、CN202220835665.4、CN202021984302.4、CN202120293950.3、CN202121095407.9、CN202020915751.7、CN202220835663.5、CN202020107063.8、CN202020107054.9、CN201810949548.9、CN202120293525.4、CN202022940130.7、CN202022195065.X、CN202220221409.6
14	食用菌产业	CN202110417104.2	一种利用食用菌菌渣制备高效除磷活性炭的方法	CN202030238537.8、CN202230196848.1、CN202030238538.2、CN202030239376.4、CN202030239357.1、CN202030238526.X、CN201810352974.4、CN202020230718.0、CN202020281937.1、CN202020230727.X、CN201922341469.2、CN202020230715.7、CN202121651215.1、CN202021347728.9、CN202020235982.3、CN201921731814.7、CN202120014502.5、CN201310089981.7

3.3 优先进行专利转化的专利组合分析

笔者对贵阳市高校与科研院所筛选出的可优先进行转化的专利组合,围绕专利组合权利稳定性、技术先进性、技术可替代性、技术可实施性、技术研发成本统计其综合评分，满分为 10 分。当得分高于 6 分时，表明该专利各项指标综合评价达到合格，意味着该专利组合在权利保护上坚实可靠，能有效抵御侵权风险；在技术层面显著领先，具备市场竞争优势；同时在技术可替代性、可实施性及研发成本控制方面也达到较高水平，综合体现了技术落地与商业变现的可行性。因此，笔者将综合评分在 6 分以上的专利组合列为专利转化实施价值高的对象，既能保障转化项目的成功率，又能实现创新资源的高效配置，推动技术成果向现实生产力转化。

表 3-8 优先进行专利转化的专利组合指标评价情况

序号	专利组合	专利组合权利稳定性评分	专利组合技术先进性评分	专利组合技术可替代性评分	专利组合技术可实施性评分	专利组合的技术研发成本评分	综合评分
1	CN201611081229.8 组合	10	10	10	10	10	10
2	CN201711369328.0 组合	10	7	10	6	9	8
3	CN201210365888.X 组合	8	9	10	3	9	8
4	CN202111086019.9 组合	10	9	5	1	9	7
5	CN201810715453.0 组合	10	6	5	6	8	7
6	CN202110569369.4 组合	10	8	7	0	4	6
7	CN201711222178.0 组合	8	5	2	1	8	5
8	CN202011318255.4 组合	10	5	0	1	7	5
9	CN201811164714.0 组合	4	7	9	0	2	4
10	CN202011139316.0 组合	1	3	10	0	4	4
11	CN201811371688.9 组合	4	2	7	0	4	4
12	CN201811267051.5 组合	4	0	7	0	4	3
13	CN202011137610.8 组合	4	1	1	0	6	2
14	CN202110417104.2 组合	0	1	7	1	0	2

3.4 贵阳市高校与科研院所转化实施价值高的专利组合技术剖析

本节对贵阳市高校与科研院所转化专利综合评分排名前十位的专利组合

开展技术剖析，对其基本内容进行总结，包括 CN201611081229.8 组合、CN201711369328.0 组合、CN201210365888.X 组合、CN202111086019.9 组合、CN201810715453.0 组合、CN202110569369.4 组合、CN201711222178.0 组合、CN202011318255.4 组合、CN201811164714.0 组合、CN202011139316.0 组合。

3.4.1 CN201611081229.8 组合技术剖析

核心专利 CN201611081229.8 提供了一种复合阻燃剂的制备方法，包括：①氧化石墨烯的四氢呋喃分散液体系和 9,10-二氢-9-氧杂-10-磷杂菲-10-氧化物（DOPO）的四氢呋喃溶液体系；②将分散液体系和溶液体系混合，在保护气氛下进行接枝反应，得到复合阻燃剂。该技术提供的制备方法操作简单方便，有利于实现大规模生产。采用该技术提供的制备方法得到的复合阻燃剂具有较好的阻燃效果，为协效阻燃提供了更多的选择，拓展了石墨烯在改善高分子材料阻燃性能方面的应用。该专利组合中的专利技术剖析如下。

专利 CN201210328836.5 公开了一种联苯二酚聚磷酸酯阻燃剂。其制备方法为：①将对甲苯基二氯磷酸酯或对甲苯基二溴磷酸酯与联苯二酚按摩尔比为 1:0.9~1.2，催化剂与联苯二酚摩尔比为 0.001~0.01 称量；②将称量的联苯二酚和催化剂加入反应装置中，搅拌升温至 60~70℃后，在半小时内加入甲苯基二氯磷酸酯或对甲苯基二溴磷酸酯，保温 1~4h，后升温到 200℃反应 3~4h 即得到白色固体阻燃剂；③将得到的白色阻燃剂加入溶剂使其完全溶解，然后用 5~10 倍溶剂量的沉淀剂进行沉淀析出，经过滤，真空干燥后得到白色固体产品。该技术与聚合物基体相容性好，不易迁移，具有优良的耐久性。

专利 CN201410818201.2 公开了一种含受阻酚类季鏻盐改性蒙脱土协效无卤膨胀阻燃剂的聚丙烯（PP）的制备方法，其特征在于：受阻酚类季鏻盐改性蒙脱土协效无卤膨胀阻燃剂加入 PP 中，每 100 份 PP 中加入 22~28 份受阻酚类季鏻盐改性蒙脱土协效无卤膨胀阻燃剂，经双螺杆挤出机混炼均匀制成阻燃 PP。该技术有两个特点：一是该技术制备的受阻酚类季鏻盐改性蒙脱土协效无卤膨胀阻燃剂分子内不仅具有受阻酚抗氧基团，而且含有的季鏻盐基团，具有高效抗氧化性能，与膨胀阻燃剂可以发挥协同阻燃作用，阻燃效果优异，用量少；二是该技术的受阻酚类季鏻盐改性蒙脱土协效无卤膨胀阻燃剂具有与 PP 相容良好的季鏻盐和受阻酚基团，提高了蒙脱土与 PP 的界面黏结性能，而且不易挥发、加工稳定性好。

专利 CN201711125311.0 涉及的 DOPO 衍生物阻燃剂含有基本单元 A－M－B 和附加单元连接而成的结构，所述附加单元为 M 单元、M－A 单元、M－B 单元、DOPO 衍生物单元、腈基、腈基取代 DOPO 衍生物单元和/或 9，10－二氧－9－氧杂－10－磷杂菲－10－硫化物（DOPS）衍生物单元，其条件是 A 为末端单元，B 为胺基取代 DOPO 衍生物单元。A 为具有如下结构式（Ⅰ）表示的 1，3－二酮基－异苯并呋喃－5－基－甲酰氧基一价基团。B 为如下结构式（Ⅱ）或（Ⅲ）表示的二价胺基团。R1，R2 独立地为氢、C1～C15 烷基或 C6～C12 芳基，每个 m 独立地为 1、2、3 或 4；M 表示直接连接或 C6～C12 芳基。该技术的 DOPO 衍生物新型阻燃剂带有与有机聚合体相容的官能团，提高了含有该阻燃剂的复合材料的力学性能和阻燃效果。

专利 CN201810411236.2 涉及一种磷杂菲磷腈复配阻燃剂、复合材料及其制备方法和应用。该技术所述的磷杂菲磷腈复配阻燃剂，包括磷杂菲化合物 A 和磷腈化合物 B，所述化合物 A 和化合物 B 的质量比为 1∶4～4∶1。所述复合材料包括前述磷杂菲磷腈复配阻燃剂和聚合物材料。该技术所述的复配阻燃剂，与聚合物材料的相容性好，为聚合物材料提供优异的阻燃性能，并且制备得到的复合材料的力学性能不会受到损耗。

专利 CN201810712551.9 涉及一种制酸联产铝镁复合阻燃剂的方法，包括如下步骤：将磷石膏、高硫铝土矿、添加剂和改性剂混合并研磨制成生料，送入窑内焙烧，制得熟料，对熟料进行水磨溶出，并进行固液分离，分离得到的固体焙烧后加工制得硫酸，分离得到的液体加工得到氢氧化铝，与其他原料制得铝镁复合阻燃剂。该技术将磷石膏和高硫铝土矿进行综合利用，具有减少环境污染，附加值高，有价成分利用率高的特点，且制得的氢氧化铝纯度高，是制备铝镁复合阻燃剂的良好原料，制得的铝镁复合阻燃剂具有生产成本低和初始分解温度高的优点。

专利 CN201810712860.6 涉及一种磷石膏和赤泥制酸联产发泡聚氨酯专用阻燃剂的方法，包括如下步骤：将磷石膏、赤泥、添加剂和改性剂混合并研磨制成生料，送入窑内焙烧，制得熟料，对熟料进行水磨溶出，并进行固液分离，分离得到的固体焙烧后加工制得硫酸，分离得到的液体加二氧化碳得到粗氢氧化铝，粗氢氧化铝加工得到氢氧化铝，氢氧化铝与肼黄、磷酸氢二铵、偶氮类发泡剂、石墨烯和多孔材料制得发泡聚氨酯专用阻燃剂。该技术具有磷石膏和赤泥综合利用率高，有价成分回收率高，处理成本低，产品氢氧化铝是制备发泡聚氨酯专用阻燃剂的良好原料的特点，且该技术联产的发泡聚氨酯专用阻燃剂的生产成本低。

专利CN201810712669.1涉及一种磷石膏和粉煤灰制酸联产橡胶阻燃剂的方法，包括如下步骤：将磷石膏、粉煤灰、添加剂和改性剂混合并研磨制成生料，送入窑内焙烧，制得熟料，对熟料进行水磨溶出，并进行固液分离，分离得到的固体焙烧后加工制得硫酸，分离得到的液体提纯后通入二氧化碳制得氢氧化铝，再与异戊橡胶、气相法白炭黑、氯化石蜡、六溴环十二烷、硼酸锌、钼酸钠、防老剂和硫化剂制得橡胶阻燃剂。该技术将磷石膏和粉煤灰进行综合利用，具有工艺简单，利用率高，附加值高，且生产的氢氧化铝是作为橡胶阻燃剂的良好阻燃添加剂原料，制备的橡胶阻燃剂具有生产成本低的特点。

3.4.2　CN201711369328.0组合技术剖析

核心专利CN201711369328.0公开了一种防治烟草花叶病毒的化合物的制备方法和生物活性，是由下列通式（I）表示的化合物及其制备方法。该技术介绍了以4-甲氧基-6-甲基嘧啶-2-胺、取代醛、丙二酸酯为原料，以离子液体1-丁基-3-甲基咪唑溴盐（[BMIM] Br）为溶剂，一锅法合成含4-甲氧基6-甲基嘧啶杂环的氨基酸酯类化合物。该技术化合物I_2和I_5对烟草花叶病毒具有较好的抑制作用。该专利组合中的专利技术剖析如下。

专利CN201410173900.6公开了一种保水剂与烟草青枯病病原菌拮抗菌共同在田间生产中的应用，该保水剂具有延长拮抗菌在土壤中定植的作用。由于该技术可以延长拮抗菌在土壤中的定殖，因此对烟草青枯病具有良好的防治效果。

专利CN201711368042.0公开了一种防治烟草花叶病毒的化合物含4-（二甲氧基甲基）嘧啶杂环的氨基酸酯类化合物的制备方法和生物活性，是由下列通式（I）表示的化合物及其制备方法。该技术介绍了以4-（二甲氧基甲基）嘧啶-2-胺、取代醛、丙二酸酯为原料，甲苯为溶剂，超声条件下，一锅法合成含4-（二甲氧基甲基）嘧啶杂环的氨基酸酯类化合物。该技术化合物I_5和I_8对烟草花叶病毒以及烟草青枯病菌均具有较好的抑制作用。

专利 CN201810416465.3 公开了一种烟草白粉病发生的预报方法，包括以下步骤：①在烟草种植季节，在烟田周围种植或者放置预报指示植物，通过观察指示植物叶片正面出现白粉病症状的时间，来预测烟草白粉病即将发生的时期；②通过测定指示植物叶片白粉病的病情指数，来预报烟草白粉病即将发生的严重程度；③指导烟草白粉病的防治时期。该技术具有较好的预报效果，方法简便、可靠、易操作。

专利 CN201910970977.9 涉及一种烟草赤星病菌接种方法，特别涉及生物化学领域，包括以下步骤：①获取供试菌株；②将所述供试菌株在培养基上用预设温度培养至预设时间得到分生孢子培养皿；③将所述分生孢子培养皿放置在4℃的环境中保存；④获取上一年的赤星病菌病残株或烟叶并粉碎得到病株粉末；⑤所述分生孢子培养皿包括分生孢子和分生培养基，混合所述分生孢子、所述分生培养基和所述病株粉末得到接种孢子；⑥获取待接种植株，当所述待接种植株的下部叶开始成熟时，将所述接种孢子撒在所述待接种植株的中下部成熟叶片上。该技术解决了如何降低赤星病菌接种难度的问题，适用于赤星病菌接种。

专利 CN201510682109.2 公开了一种烟草青枯病综合防控方法，在栽种烟草前对土壤进行以下处理：①土壤预处理：在上一年烟草收获后的10~11个月内，将生石灰均匀撒在土壤表层；②在土壤上播种绿肥作物，并在来年2~3个月作压青处理；③土壤再处理：压青后用生石灰再次均匀撒在土壤表层；④对土壤进行深翻；⑤施加生物有机肥。该技术综合防控措施可以有效降低青枯病发病率，增加烟叶产量、产值，降低土壤中病原菌浓度，进而减少病原菌对根系的侵染，有利于病害土壤的生态系统向健康可持续发展的方向转化，达到对重病烟区烟草青枯病良好的防控效果，能够解决单一措施对青枯病防控效果有限的问题。

专利 CN201710802860.0 公开了一种与烤烟品种 TT7 白粉病抗性紧密连锁的分子标记及其在辅助选择育种中的用途，属于农业生物技术范畴。以抗白粉病烟草 TT7 和感病烟草 K326 杂交构建 F1、F2 及 BC 群体，利用连锁定位在定位区段内开发分子标记 S1、R1 和 S2、R2，与白粉病抗病表型共分离。使用这 4 对标记对后代进行聚合酶链式反应（PCR）扩增，不同引物能扩增出相应大小的特异片段并可有效区分杂合基因型，属共显性分子标记，可追踪烟草 TT7 中的抗白粉病基因在后代中的遗传情况，明确后代的基因型，并可用于白粉病抗病后代筛选。

专利 CN201710066051.8 公开了一种用红外图像监测农作物病害及综合评价病害程度的方法，属于农作物早期病害光学无损监测方法。其方法是：①拍摄整株农作物或者拍摄某一种植区域内的所有农作物，得到监测对象的红外图像；②根据该红外图像，先分别算出监测对象的所有像素点平均温度、低温像素点的低温温度面积和、高温像素点的高温温度面积和，以及所有像素点的温度面积总和，再算出低温温度面积和占温度面积总和的比例；③以该占比作为对农作物病害程度的综合评价参数。该技术既可对人眼难以察觉的早期病害进行无损、在线、准确识别，降低检测分析的时间和成本，又可用于农作物健康状态无损监测的综合评价。

3.4.3　CN201210365888.X 组合技术剖析

核心专利 CN201210365888.X 公开了一种防治冠状动脉支架植入术后再狭窄的药物及制备方法，包括以下原料药：丹参酮、水蛭素、冰片、麝香酮。该技术能降低冠状动脉支架植入术后再狭窄的发生率、改善患者临床症状、降低患者远期血栓风险等特点，为防治冠状动脉支架植入术后再狭窄（ISR）提供了一种新的选择。该专利组合中的专利技术剖析如下。

专利 CN201210480608.X 公开了一种治疗椎动脉缺血性疾病的药物及其制备方法，所述治疗椎动脉缺血性疾病的药物主要由丹参、天麻、钩藤、石决明、杜仲、川芎和栀子制成，与现有技术相比，所述治疗椎动脉缺血性的药物能有效用于椎动脉型颈椎病引起的眩晕、头痛等症状的治疗。

专利 CN201922002159.8 提供了一种三维（3D）打印血管侧面开窗穿刺置入动脉鞘装置，包括腹主动脉和腹主动脉一端的股动脉；所述股动脉的一端为盲端；在股动脉上设有开窗，开窗外套接有硅胶管；所述硅胶管的两端均设有卡箍。该技术具有防止液体漏出的功能，其中硅胶管可穿刺一次后更换，其成本较低，可大量采购，市场价格便宜。由于实际临床穿刺即为穿刺血管侧壁，更加接近临床实际穿刺位置与体验，因此该装置也可作为训练穿刺流程的培训装置。

3.4.4　CN202111086019.9 组合技术剖析

核心专利 CN202111086019.9 公开了一种基于全基因组重测序和 KASP（竞

争性等位基因特异性聚合酶链式反应）技术开发的烟草单核苷酸多态性（SNP）标记及其应用。该技术基于150份烟草全基因组重测序数据，利用前期探索的数据分析方法，挖掘获得了超过百万个SNP位点，对这些位点进一步分析，利用KASP技术平台，鉴定筛选出240个核心SNP标记及配套KASP引物，覆盖了烟草24条染色体/连锁群。该技术为烟草生物学研究提供了一套可信、便于后期利用的SNP标记，这套SNP标记和检测引物，可用于烟草SNP检测试剂盒开发、烟草品种DNA指纹图谱构建、烟草种质资源和遗传群体基因分型，烟草定向改良品种背景回复率检测、烟草品种纯度/真伪度检测、烟草分子标记辅助选择育种等。该专利组合中的专利技术剖析如下。

专利CN201810524616.7公开了一种NtCNGC1基因在烟草抗青枯病中的应用，所述NtCNGC1基因的核苷酸系列如SEQ ID NO：1所示。该技术的NtCNGC1基因在烟草中超表达能够显著提高烟草对青枯病菌的抗性。该基因在烟草抗青枯病基因工程中具有十分重要的应用价值。

专利CN201310594033.9公开了一种利用基因芯片结合Real time PCR筛选的烟草内参基因及其方法，应用该技术的方法，筛选得到烟草新的内参基因烟草磷酸核酮糖激酶基因和烟草双半乳糖二酰甘油合酶基因，二者的稳定性均较高。

专利CN201811339660.7涉及烟草AKT1基因及应用，所述烟草AKT1基因及其编码蛋白质的序列分别如SEQ ID NO：1和2所示。该技术首次从烟草中克隆得到AKT1基因并通过酵母功能互补实验验证了该基因的生物学功能，烟草AKT1基因具有促进钾离子吸收和转运的功能。

专利CN201811339759.7涉及烟草AKT2/3基因及应用。所述烟草AKT2/3基因及其编码蛋白质的序列分别如SEQ ID NO：1和2所示。该技术首次从烟草中克隆得到AKT2/3基因并通过酵母功能互补实验验证了该基因的生物学功能，烟草AKT2/3基因具有促进钾离子吸收和转运的功能。

专利CN201710157893.4公开了烟草C2H2型锌指蛋白基因Nt540的应用。该技术提供了一种基因片段，其核苷酸序列如SEQ ID NO：1所示。该技术还公开了包含前述基因片段的重组载体、重组菌及它们的用途。该技术通过转入Nt540基因及重组菌，有效提升了烟草的品质，为烟草品种改良提供了新材料和新途径，具有较强的应用前景。

专利CN201810989309.6公开了一种烟草eIF4E-1突变位点特异性共显性分

子标记,与野生型位点检测相关的标记命名为 ASM-W,片段长 543bp,如 SEQ ID NO:1 所示;对应的碱基插入突变位点检测相关的标记命名为 ASM-m,片段大小 543bp,如 SEQ ID NO:2 所示。该技术还公开了一种用于鉴别上述突变位点特异性共显性分子标记的引物,引物序列如 SEQ ID NO:3、4 和 5 所示。利用该标记和引物可以对马铃薯 Y 病毒(PVY)抗性供体亲本的回交转育后代的基因型进行准确选择。该技术的标记和引物可以作为分子标记应用于烟草种质资源鉴定和育种辅助选育。

专利 CN201811512012.7 公开了一种烟草 eIF4E-1 位点大片段缺失突变的特异性共显性分子标记,与野生型位点检测相关的标记命名为 ASM-W,片段长 763bp,如 SEQ ID NO:1 所示;对应的碱基缺失突变位点检测相关的标记命名为 ASM-m,片段大小 572bp,如 SEQ ID NO:2 所示。该技术还公开了一种用于鉴别上述位点大片段缺失突变的特异性共显性分子标记的引物,引物序列如 SEQ ID NO:3、4 和 5 所示。利用该标记和引物可以对 PVY 抗性供体亲本的回交转育后代的基因型进行准确选择。该技术的标记和引物可以作为分子标记应用于烟草种质资源鉴定和育种辅助选育,选择含有 PVY 抗性突变类型的种质材料或转育后代。

专利 CN201811340505.7 涉及烟草 KC1 基因及应用。所述烟草 KC1 基因及其编码蛋白质的序列分别如 SEQ ID NO:1 和 2 所示。该技术首次从烟草中克隆得到 KC1 基因并通过酵母功能互补实验验证了该基因的生物学功能,烟草 KC1 基因具有促进钾离子吸收和转运的功能。

专利 CN201811358521.9 涉及烟草 KUP1 基因及应用。所述烟草 KUP1 基因及其编码蛋白质的序列分别如 SEQ ID NO:1 和 2 所示。该技术首次从烟草中克隆得到 KUP1 基因并通过酵母功能互补实验验证了该基因的生物学功能,烟草 KUP1 基因具有促进钾离子吸收和转运的功能。

专利 CN201811355451.1 涉及烟草 KUP2 基因及应用。所述烟草 KUP2 基因及其编码蛋白质的序列分别如 SEQ ID NO:1 和 2 所示。该技术首次从烟草中克隆得到 KUP2 基因并通过酵母功能互补实验验证了该基因的生物学功能,烟草 KUP2 基因具有促进钾离子吸收和转运的功能。

专利 CN201510636307.5 提供了一种烟草光受体基因、其编码蛋白及在烟叶多酚调控中的应用,包括由氨基酸序列组成的蛋白质,或在氨基酸序列中经取代、缺失和/或添加一个或几个氨基酸且具有同等活性的蛋白质，以及编码上述蛋白的基因。所述基因可用于烟叶多酚类物质的代谢调控和改良。

专利 CN201610003588.5 涉及一种烟草糖基转移酶基因 NtGT4 在调控植物细胞分化中的应用。该技术发现了烟草糖基转移酶基因 NtGT4 的新功能，将烟草糖基转移酶基因 NtGT4 应用于调控植物细胞的分化，能够显著提高植物细胞的分化水平，转化了该基因的大豆与对照相比能够显著提高大豆不定芽的分化，可提高平均分化程度。

专利 CN201711320346.X 公开了一种高分辨率熔解（HRM）曲线技术检测烟草镉转运基因 NtHMA4 突变的方法，其特征在于，包含以下步骤。①采用十六烷基三甲基溴化铵（CTAB）法提取烟草样品苗期叶片基因组脱氧核糖核酸（DNA）；②以所述基因组 DNA 为模板，利用引物对进行 PCR 扩增；③PCR 扩增产物利用 HRM 检测仪器 Light Scanner 96 进行突变位点扫描；④根据 HRM 曲线结果，判断烟草待检样品的基因型；当待测样品的 HRM 曲线与野生型对照贵烟 1 号一致时，则为野生型材料；如果出现其他曲线类型，且 HRM 荧光曲线峰值 $\Delta F \geqslant 0.05$，则为疑似基因突变材料；⑤DNA 测序验证 HRM 筛选结果；⑥NtHMA4 材料的镉表型测定。

专利 CN201711322924.3 公开了一种鉴定烟草低镉突变体杂交后代基因型的引物对，其特征在于，所述引物包括引物 1 为 SEQ ID NO：1 所示序列、引物 2 为 SEQ ID NO：2 所示序列等。利用该技术所述的基因特异性引物结合 HRM 技术可高通量、快速对 NtHMA4 突变材料杂交后代的大量分离群体进行筛选，准确区分野生型、纯合突变型及杂合突变型材料，进而鉴定出含烟草 NtHMA4 突变基因的低镉烟草材料。

专利 CN201710939902.5 公开了一种鉴定烟草低降烟碱突变体杂交后代基因型的引物对，其特征在于，所述的引物包括引物 1 为 SEQ ID NO：1 所示序列、引物 2 为 SEQ ID NO：2 所示序列等。利用该技术获得引物结合 HRM 可以对大量杂交后代群体进行筛选，可有效区分非突变、突变杂合体与突变纯合体，从而准确高效鉴定出含烟草 CYP82E4 突变基因的材料。

专利 CN201610194873.X 从药用植物马比木中分离筛选得到具有拮抗作用的菌株，经微生物分类学鉴定，该菌株命名为解淀粉芽孢杆菌（*bacillus amyloliquefaciens*）D1 菌株，并采用该菌株的发酵液获得一种能够对烟草白粉病进行防治的微生物菌剂。该技术最显著的特征是：提供了一种新的解淀粉芽孢杆菌的菌株D1，其发酵液制备的微生物菌剂对烟草白粉病具有良好的防治作用，是植物种植产业上重要的微生物资源。

专利CN201610877696.5公开一种快速高效的农杆菌介导的烟草种子遗传转化方法。该方法的主要步骤包括：成熟烟草种子经适度研磨后用作遗传转化材料，调整农杆菌菌液浓度至适当值以用于侵染受体材料，依次经共培养、播种、β-葡糖醛酸糖苷酶（GUS）组织化学染色和PCR扩增后，鉴定转基因烟草植株。该技术方法无须进行消毒、灭菌和组织培养等步骤，且大部分操作过程无须在无菌条件下进行，避免了由无菌和组培操作带来的烦琐、耗时等缺点，是一种简单、快捷、成本低、重复性较好的遗传转化方法，对于快速创制转基因烟草新种质具有重要的意义和价值。

专利CN201610880289.X提供了一种烟草HKT1基因，序列如SEQ ID NO：1所示，所述HKT1基因的制备方法，包括以下步骤：①设计PCR扩增引物；提取烟草细胞总核糖核酸（RNA）；②合成烟草细胞互补DNA（cDNA）；③以烟草细胞cDNA为模板进行HKT1基因的PCR扩增得到目的片段，测序后得到HKT1基因序列。所述的HKT1基因全长1488bp，经功能验证，该技术所述的HKT1基因转入钾吸收缺陷型酵母突变株R5421后的重组酵母具有钾离子吸收和转运功能，烟草植株中超量表达HKT1基因可促进烟草对钾离子的吸收，该技术所述的HKT1基因具有促进钾离子吸收和转运的功能。

专利CN201811196540.6公开了一种烟草氨基酸转运蛋白基因NtTAT及其用途，包括：①氨基酸转运蛋白基因NtTAT克隆；②NtTAT基因干涉载体的构建；NtTAT基因干涉后的表达特点及对烟叶氨基酸含量的影响；③纯合转基因后代氨基酸含量测定。在NtTAT干涉纯合株中氨基酸含量明显上升的有5种（缬氨酸、脯氨酸、苏氨酸和苯丙氨酸等），其中脯氨酸变化最大，缬氨酸、苏氨酸和苯丙氨酸的含量有所增加；NtTAT通过氨基酸转运能力的改变而影响氨基酸的代谢基因，提高了烟叶中缬氨酸、脯氨酸、苏氨酸和苯丙氨酸等氨基酸的含量，进而影响烟叶的品质。

专利CN202011506161.X公开了一种烟草赤星病拮抗放线菌菌株及其应用，该菌株为所述的烟草赤星病拮抗放线菌黄三素链霉菌（*streptomyces flavotricini*）F706；保藏名称为所述的烟草赤星病拮抗放线菌黄三素链霉菌F706；保藏于中国典型培养物保藏中心（CCTCC）。该技术的烟草赤星病拮抗放线菌的基因序列为SEQ

ID NO：1所示的核苷酸序列。

专利 CN201510859299.0 公开了一种烟草反转录转座子基因 Ntrt1，其特征在于，具有 SEQ ID NO：1 所示的核苷酸序列；其编码的蛋白质，其特征在于，具有 SEQ ID NO：2、SEQ ID NO：3 和 SEQ ID NO：4 所示的氨基酸序列。该基因可调节烟草植株的高矮。

专利 CN201510858859.0 公开了一种烟草基因 NtTCTP，其特征在于：具有 SEQ ID NO：1 所示的核苷酸序列；其编码的蛋白质，具有 SEQ ID NO：2 所示的氨基酸序列。该基因可用于调节烟草对 PVY 的抗性。

专利 CN202110686140.9 涉及一种烟草腺毛特异性启动子 pNtTCP9a 及其应用，启动子的核苷酸序列如 SEQ ID NO：1 所示。pNtTCP9a 长度为 1408bp，能够驱动目的基因在烟草腺毛中特异地表达，从而避免外源基因在烟草其他组织中持续表达带来的不利影响。该技术可用于烟草腺毛高效生产次生代谢产物，或为高香气烟草品种选育提供新的调控序列。

专利 CN201410385968.0 公开了一种幼苗期鉴定烟草青枯病抗性的方法，将保水剂与珍珠岩按 2∶1 的比例混均，消毒后装入 6 孔细胞培养板，将烟草种子播种在细胞培养板上，每个品种各播种到一个孔中，10~20 粒/孔，放在无菌培养室中培养，温度环境 25℃、每天光照 16 小时、光照强度 4000lux、相对湿度 70%~80%；出苗后，每个孔中均匀地留苗 5 株，用烟草育苗专用肥配制营养液，使其中氮肥浓度达到 100ppm，追施到培养板中；待小苗长至两片真叶时，将青枯菌悬浮液用移液枪接种到细胞培养板的每个孔中，每孔接种 1ml，15 天后调查记录。该技术鉴定周期更短，25 天小苗即可用于鉴定，不受季节限制，试验稳定性强。

3.4.5　CN201810715453.0 组合技术剖析

专利 CN201810715453.0 公开了一种高铁赤泥与磷石膏的综合利用工艺，包括如下步骤：①将磷石膏、高铁赤泥、添加剂和改性剂混合并研磨制成生料，控制生料中磷石膏和高铁赤泥的重量比为 1∶0.5~1，添加剂添加比例按生料中所含氧化钠和氧化铝+氧化铁总和的分子比为 1∶1 添加，改性剂的混合比例为生料总重量的 15%~25%；将生料送入窑内焙烧，制得熟料。②将步骤①制得的熟料研磨后溶出,并进行固液分离即可。该技术开拓了磷石膏和高铁赤泥的新应用,具有处理工艺简单,成本低,附加值高,且有价物质回收率高,回收的铝成分纯度高的特点。

专利CN201810711201.0涉及一种利用磷石膏和赤泥制酸联产多孔碳化硅陶瓷的工艺,包括如下步骤:①将磷石膏、赤泥、添加剂和改性剂混合并研磨制成生料,送入窑内焙烧,制得熟料;对熟料进行水磨溶出,并进行固液分离;②将分离得到的固体焙烧后加工制得硫酸;③将分离得到的液体加二氧化碳得到粗氢氧化铝;④将粗氢氧化铝加分散剂研磨后,制到氢氧化铝,氢氧化铝再同气相二氧化硅、碳化硅、聚乙二醇、聚乙烯醇和水作为原料,制得多孔碳化硅陶瓷。该技术将磷石膏和赤泥进行综合利用,具有附加值高、处理成本低、有价成分利用率高等优点,其产品氢氧化铝是制备多孔碳化硅陶瓷的良好原料,同时联产的多孔碳化硅陶瓷具有生产成本低的特点。

专利CN201810711189.3涉及一种赤泥和磷石膏制滤清器滤纸阻燃处理剂联产酸的方法,包括如下步骤:将磷石膏、赤泥、添加剂和改性剂混合并研磨制成生料,送入窑内焙烧,制得熟料,对熟料进行水磨溶出,并进行固液分离,分离得到的液体加二氧化碳后制得氢氧化铝,氢氧化铝再与乙醇、聚磷酸铵、磷酸三甲苯酯、密胺、乙酸、硼酸锌和水制得滤清器滤纸阻燃处理剂,分离得到的固体焙烧后加工制得硫酸。该技术通过将磷石膏和赤泥进行综合利用,可有效降低磷石膏和赤泥对环境的污染,其产品氢氧化铝是制备滤清器滤纸阻燃处理剂的良好原料,同时联产的滤清器滤纸阻燃处理剂具有生产成本低的特点。

专利CN201810712942.0涉及一种制酸联产纺织印染废水絮凝剂的工艺,包括如下步骤:①将磷石膏、赤泥、添加剂和改性剂混合并研磨制成生料,送入窑内焙烧,制得熟料;②制得的熟料进行溶出,并进行固液分离;③将分离得到的残渣经浮选,分离得硫化物;④将分离出的硫化物置于加工制得硫酸;⑤将分离得到的溶液经蒸发,得到固体物质,将固定物质粉碎得到固体粉末;⑥将得到的固体粉末中加入聚合硫酸铝、硅酸钠、聚丙烯酰胺、硼砂、醋酸钠,混合均匀制得纺织印染废水絮凝剂。该技术具有制酸和制备纺织印染废水絮凝剂成本低、磷石膏和赤泥废渣的利用率高、工艺简单、纺织印染废水絮凝剂品质高的特点。

专利CN201810712226.2涉及一种利用磷石膏和赤泥制酸联产环保阻燃纸板的方法,包括如下步骤:①将磷石膏、赤泥、添加剂和改性剂混合并研磨制成生料，送入窑内焙烧，制得熟料；②对熟料进行水磨溶出，并进行固液分离；③将分离得到的固体焙烧后加工制得硫酸；④将分离得到的液体加二氧化碳得到粗氢氧化铝，粗氢氧化铝加工得到氢氧化铝，氢氧化铝再与尿素、硼酸、γ-氨丙基三乙氧基硅烷偶联剂、乙醇、冰醋酸和纸浆等制得环保阻燃纸板。该技术具有将磷石膏和赤泥进行综合利用，减少环境污染，利用率高，其产品氢氧化铝是制备环保阻燃纸板的良好阻燃剂原料，该技术联产的环保阻燃纸板具有生产成本低的特点。

专利 CN201810712412.6 涉及一种磷石膏和赤泥制酸联产不锈钢超精抛光蜡的工艺，包括如下步骤：①将磷石膏、赤泥、添加剂和改性剂混合并研磨制成生料，送入窑内焙烧，制得熟料；②制得的熟料进行溶出，并进行固液分离；③将分离得到的残渣经浮选，分离得硫化物；④将分离出的硫化物加工制得硫酸；⑤将分离得到的溶液制备高纯氧化铝细粉；⑥向制得的高纯氧化铝细粉中加入硬脂酸、润滑剂和光泽度添加剂混合制成不锈钢超精抛光蜡。该技术具有制酸和制备不锈钢超精抛光蜡成本低，废渣利用率高，工艺简单，制备不锈钢超精抛光蜡的品质高、效果好的特点。

专利 CN201810712597.0 涉及一种利用磷石膏和赤泥制酸联产重金属处理混凝剂的工艺，包括如下步骤：①将磷石膏、赤泥、添加剂和改性剂混合并研磨制成生料，送入窑内焙烧，制得熟料；②对熟料进行水磨溶出，并进行固液分离；③将分离得到的液体加二氧化碳得到氢氧化铝；④氢氧化铝再通过加工制得聚合氯化铝混合溶液，之后再加热、陈化制得重金属处理混凝剂，分离得到的固体焙烧后加工制得硫酸。该技术将磷石膏和赤泥的综合利用，具有附加值大、成分利用率高、制得的氢氧化铝纯度高、生产的混凝剂成本低、对重金属的去除效果较好的特点。

专利 CN201810712860.6 涉及一种磷石膏和赤泥制酸联产发泡聚氨酯专用阻燃剂的方法，包括如下步骤：①将磷石膏、赤泥、添加剂和改性剂混合并研磨制成生料，送入窑内焙烧，制得熟料；②对熟料进行水磨溶出，并进行固液分离；③将分离得到的固体焙烧后加工制得硫酸；④将分离得到的液体加二氧化碳得到粗氢氧化铝，粗氢氧化铝加工得到氢氧化铝，氢氧化铝与肼黄、磷酸氢二铵、偶氮类发泡剂、石墨烯和多孔材料制得发泡聚氨酯专用阻燃剂。该技术具有磷石膏和赤泥综合利用率高、有价成分回收率高、处理成本低，其产品氢氧化铝是制备发泡聚氨酯专用阻燃剂的良好原料的特点，且该技术联产的发泡聚氨酯专用阻燃剂的生产成本低。

专利 CN201810712887.5 涉及一种磷石膏和赤泥制酸联产低烟无卤塑料填充剂的方法，包括如下步骤：①将磷石膏、赤泥、添加剂和改性剂混合并研磨制成生料，送入窑内焙烧，制得熟料；②对熟料进行水磨溶出，并进行固液分离；③将分离得到的固体焙烧后加工制得硫酸；④将分离得到的液体加二氧化碳得到氢氧化铝，氢氧化铝加工得到高白氢氧化铝，高白氢氧化铝再与乙烯-乙酸乙烯酯共聚物（EVA）、氢氧化镁、抗氧剂1010、硬脂酸钡和端胺基多元醇酯制得低烟无卤塑料填充剂。该技术具有减少环境污染、经济附加值高、有价成分利用率高的特点，且制得的氢氧化铝是作为低烟无卤塑料填充剂的良好原料，制得的低烟无卤塑料填充剂具有生产成本低的特点，用其加工生产得到的塑料具有阻燃性能、机械性能和工艺性能好的优点。

专利 CN201810712517.1 涉及一种制酸联产树脂基阻燃复合材料的方法，包括如下步骤：①将磷石膏、赤泥、添加剂和改性剂混合并研磨制成生料，送入窑内焙烧，制得熟料；②对熟料进行水磨溶出，并进行固液分离；③将分离得到的固体焙烧后加工制得硫酸；④将分离得到的液体加工得到氢氧化铝，再同微囊化红磷、甲基膦酸二甲酯、树脂基体、固化剂、促进剂和增强材料起制得树脂基阻燃复合材料。该技术将磷石膏和赤泥进行综合利用，具有减少环境污染、经济附加值高、有价成分利用率高的特点，且制得的氢氧化铝纯度高可以作为树脂基阻燃复合材料中阻燃剂的良好原料，制得的树脂基阻燃复合材料具有工艺简单、阻燃性能好、物理机械性能好和生产成本低的特点。

3.4.6　CN202110569369.4 组合技术剖析

专利 CN202110569369.4 公开了一种基于三通道图像的恶意软件分类方法，包括：①提取样本的字节流；②提取字节流的 Bigram 序列；③提取样本的反编译 Lst 文件并提取 Lst 文件的字节流；④将样本字节流、标准化后的 Bigram 序列、Lst 字节流转化成三种灰度图像；⑤使用加载了 ImageNet（用于视觉对象识别软件研究的大型可视化数据库）权重的 Efficient Net B0 微调模型对恶意软件三通道图像数据训练和测试。该技术使用三种类型灰度图像合成三通道彩色图像，增加特征的有效性，同时采用微调的方式将 ImageNet 图片领域的分类权重用于该技术的模型的微调，通过微调不仅增加了模型训练的收敛速度，而且提高了测试准确率，减少调参、海量数据收集以及训练的时间开销。

专利 CN202110333207.0 公开了一种基于光学字符识别（OCR）采样和弥散张量图像鲁棒零水印方法，包括：①根据弥散张量成像（DTI）图像数据构建空间张量描述场；②利用光线投射采样策略对所述 DTI 图像进行正交投射采样，获得基于冠状面、矢状面和横切面的三张正交特征投射图像；③将所述三张正交特征投射图像作为四元数的三个虚部，计算其有关变换系数以构建特征图像；④对混沌置乱的所述特征图像和水印图像进行异或操作获得零水印图像。该技术针对 DTI 图像数据进行著作权保护，提高了水印算法的效率，节省了水印存储空间，该算法能够有效抵抗常见的图像处理攻击和几何攻击，适用于 DTI 图像数据的著作权保护。

专利 CN201611230137.1 公开了一种基于机器学习的图像水印去除方法。该技术采用机器学习的办法，通过优化的算法来计算获得相对准确的 W 和 P，从而能够利用少量修复的原图，得到通用的水印去除参数。该算法能够适应灰度和彩色水印，以及图案不规则、透明度不均匀的水印，同时能够自动批量去除水印。该技术简单易行，成本低廉，使用效果好。

专利 CN201410165290.5 公开了一种利用小波融合算法改进图像分割效果的方法。该方法通过将图像分别进行 OTSU 算法（一种用于图像分割的自动阈值选择算法）和双峰法的图像分割之后，使用小波融合算法对 OTSU 算法和双峰法得到的图像分割结果进行小波融合的新算法，使分割得到的目标区域更加完整、细节更为清晰。

专利 CN201610001687.X 提供了一种图像纹理特征提取方法。在该方法中，原始图像归一化降低了光照变化、阴影和噪点的影响，特征提取采用 Haar 方法（一种基于图像局部特征的检测方法），保留有原始图像中的边缘梯度信息，同时通过比较中心点和其上下左右点，四个对角点，在特征提取过程中加上权重信息，弥补了常规纹理特征的不足；特征的组合方式有效降低特征维度，最终的特征提取方法在行人检测时，相比于常规的纹理特征有更低的特征维数和更快的训练和检测速度，同时检测率获得了相应的提高。

专利 CN202010853770.6 公开了一种电机电流转化成灰度图像的方法，该方法将电机电流信号通过其求取自相关矩阵，获得一个二维矩阵，将电机电流信号数据散落到灰度值值域，使原始数据与图像像素值之间存在完整的映射关系，映射关系函数设定为一维高斯分布函数。该技术将原始数据转换成只有一个通道的灰度图，使得原始数据与图像之间保持严谨的映射逻辑关系，将电机电流信号转换为一个二维矩阵，实现数据升维，而高维特征包含更多数据特征，使用数据的自相关矩阵进行图像转化将占用更短的原始数据，需要的原始数据量更少，提高了诊断系统的时效性，使得原始数据与图像像素值之间存在完整的映射关系，逻辑性更严谨。

专利 CN201811575477.7 涉及一种基于多变量对数高斯混合模型的图像纹理特征提取及识别方法，包括：①对一幅纹理图像采用高斯二维 Gabor 滤波器进行滤波处理，并构建对数高斯随机向量；②采用一个多变量对数高斯概率模型对对数高斯随机向量进行参数建模；③采用多个多变量对数高斯概率模型对对数高斯随机向量进行参数建模；④对参数建模得到的多变量对数高斯概率混合模型中所涉及的参数采用期望最大进行估计，得到多变量对数高斯概率混合模型；⑤计算待分类纹理图像属于各类图像的多变量对数高斯混合模型的概率，此概率即为分类的依据。该技术能对具有非高斯、厚拖尾统计特点的纹理图像进行有效识别。

专利 CN202110327153.7 公开了一种基于多尺度特征学习的弥散加权图像的鲁棒水印方法，包括：①使用编码器重构原始图像，生成含有水印的编码图像；②对所述编码图像添加噪声，生成噪声图像；③利用解码器从所述噪声图像中提取水印；④判别器缩小所述编码图像与原始图像的分布差距，使生成图像更加清晰。该技术利用全尺度特征融合，使得嵌入模块充分学习并融合不同尺度的重构特征，生成高质量的且含有水印信息的图像；优化了边界平衡生成对抗网络（BEGAN）的判别器结构，引入特征引导模块缩小编码层与解码层的语义差异，使重构图像的收敛速度更快、质量更稳定；此外，该方法在训练过程中加入深度监督能进一步提高水印的层次表示，使水印具有更高的鲁棒性。

专利 CN201910923365.4 提供一种基于神经网络特征融合的胶囊内镜图像识别模型。该模型首先对图像分离 G 通道、Log 变换和直方图均衡化预处理，以凸显其颜色、形状和纹理信息；其次采用三个相同卷积神经网络分别对三种预处理后的图像提取特征；最后采用神经网络进行特征融合与识别，属于医疗图像识别领域。

专利 CN202010853759.X 公开了一种基于图像识别和卷积神经网络的永磁同步电机（PMSM）多故障诊断方法，该方法包括步骤：①通过数据预处理，将电机电流数据转化成图像数据，图像数据用作深度卷积神经网络（CNN）的输入数据。②采用深度卷积网络模型进行特征提取，深度卷积网络用于提取步骤①中形成的图像中含有 PMSM 故障的深层次特征。③故障分类采用分类器。该技术可提高故障诊断可靠性和准确性，将电机电流信号转为图形数据进行卷积网络处理，便于深度卷积神经网络的特征提取，故障诊断无须硬件获取振动信号，可降低设备成本，不直接受系统外环境因素的影响，如振动、温度等，使电动车用电机故障诊断方法可靠性更高。

专利 CN202011501882.1 公开了一种基于语义特征增强的细粒度图像分类方法，创造性地将文本引入图像分类模型训练过程，通过让文本特征和图像特征共享分类器的方式提升模型对语义信息的决策能力。同时，在训练过程中，进一步地将两种门控语义特征增强、语义边界特征增强应用到特征提取阶段和特征分类阶段。这样利用文本的语义信息对图像特征进行约束，从而提升图像分类模型对小样本数据的泛化能力，不再依赖大规模高质量标注数据集，避免高额数据成本。

3.4.7 CN201711222178.0 组合技术剖析

专利 CN201711222178.0 公开了一种烟苗塑料罩便携式自动安装设备及控制方法，包括储物筒、基座、送料机构和覆土机构，其中，储物筒安装在基座的上部，并具有用于储放烟苗塑料罩的筒状内腔，送料机构安装在基座上，用于将筒状内腔内的烟苗塑料罩逐个运送至安装位置；覆土机构用于对运送至安装位置的烟苗塑料罩进行覆土加固。采用该技术提供的烟苗塑料罩便携式自动安装设备及控制方法，结构新颖，设计巧妙，易于实现，能够快速地将烟苗塑料罩盖在烟苗上，并将泥土覆盖在烟苗塑料罩的外缘上，压实烟苗塑料罩，自动化程度高，便携性好，易于操作和使用，劳动强度低，作业效率高，特别适用于山地丘陵地区的烟草植株种植。

专利 CN201410217600.3 公开了一种快速检测转基因烤后烟叶的四重聚合酶链式反应引物及方法。该方法所涉及的引物由烟草内源基因元件硝酸还原酶

(NR)基因及外源基因元件组成。通过四重PCR扩增，在一次PCR反应中可同时检测NR基因及3个外源基因。该技术重复性强、稳定性好、操作简单、节约成本。

专利CN201410090618.1公开了一种超声提取－大孔树脂固相萃取净化－酶水解－气相色谱－质谱联用测定烟草中糖苷的方法，采用大孔树脂固相萃取净化的糖苷进行酶水解，利用气相色谱－质谱联用进行定性和相对定量分析。该方法准确、可靠，能准确鉴定24种糖苷和相对定量28种糖苷，适合不同类型烟草中糖苷成分的同时检测，克服了酸水解的非选择性、破坏性的水解方式，同时也有利于用商业化的标准谱库与文献中的保留指数进行物质确证。

专利CN201310396121.8涉及一种密集烘烤固定方框插针装烟技术，属于烤烟烘烤技术领域。该技术选择在密集烤房内设置装烟支架，固定装烟方框、三角形插针和活动装卸烟板与装烟支架匹配；将固定装烟方框和活动装卸烟板平放在装烟支架上，将烟叶平放在活动装卸烟板和固定装烟方框中，烟叶装满后卡上活动方杆，插上三角形插针固定烟叶；去掉活动装卸烟板，使烟叶悬挂在固定装烟方框中；不再使用现有烤房装烟分风隔板；烤房装满烟叶后即可开始烘烤。该技术采用密集烘烤固定方框插针装烟，具有装烟数量更大、装烟速度更快、装烟整齐度和均匀性更好、减少烟叶叶尖卷曲程度、解决烟叶叶柄弯曲问题等优点。

专利CN201910787082.1提供了一种适用于雪茄烟叶的新型自动编烟机。该技术通过自动编烟代替手工编烟，可以降低人工劳动强度，提高编烟效率，减少收割烟叶的时节需要大量劳动力，解决因为不能及时编完所有烟并进行晾晒或烘烤就无法保证烟叶质量的问题，同时减少生产加工烟叶的经济成本，有利于烤烟机械化自动化生产，增加经济效益。

专利CN201911239550.8公开了一种上升式密集烤房烟叶烘烤时循环风机的智能变频控制方法。该方法在按要求将烟叶装入烤房开始烘烤后，构建了智能变频回归方程，智能变频回归方程依据每个阶段设定的目标干湿球温度、实际干湿球温度和上下棚烟叶温差等参数变化而构建。该方法根据每个烘烤阶段目标干球温差（a）、上下棚温差（b）和湿球温差（c）对烟叶烘烤工艺的重要性和贡献度，分别给予系数赋值，系数范围为0~1，为提高烟叶柔软度、增加烟叶香气和油分、增强烟叶色度、避免僵硬提供了技术保障。

专利CN201611193668.8涉及米酒制作技术领域，是一种新型烟气脱硫脱汞剂及其制备方法。该方法采用软锰矿与钛酸锰等作为活性组分负载在载体上，并对活性组分在脱硫脱汞剂中占比进行控制，使该脱硫脱汞剂的孔容较高，硫容、汞容达到了16.3wt%以上，并且脱硫脱汞剂的脱硫脱汞效率达到了98%以上。

专利CN201410579991.3公开了一种烟草及烟草制品中水溶性糖的测定方法。该方法利用加速溶剂萃取提取烟草中的水溶性糖，再分别利用肟化－硅烷化与糖氰化－乙酰化二种衍生化方法，肟化－硅烷化产物直接气相色谱－火焰离子化检测器测定；糖氰化－乙酰化产物利用超声辅助－分散液液微萃取进行提取后再进行气相色谱－火焰离子化检测器测定。该技术与其他分析烟草中的水溶性糖的方法相比，具有简单快速、重现性好、灵敏度高以及对水溶性糖分离能力好的特点，能对烟草中的水溶性糖进行准确定量。

专利CN201510656219.1公开了一种烟草抑芽剂施用方法，包括以下处理步骤：①将内吸型或局部内吸型抑芽剂均匀喷洒或涂抹于塑料袋内；或者将吸附有上述抑芽剂的抑芽剂载体置于塑料袋内；或者两种方法组合起来使用。②烟株花蕾伸长至开花阶段，先人工抹去≥2.0cm的腋芽，再用经步骤①处理的塑料袋，将全部花序连同最上部的3～4片烟叶套住，适当拴紧袋口，直至烟叶采收完毕。通过将内吸型或局部内吸型抑芽剂施于塑料袋内并套在未打顶烟株顶部，形成一个相对密闭的空间，空间内高温环境易使抑芽剂雾化，利于烟株有效吸收，提高抑芽效果，使用时不受天气影响，避免抑芽剂浪费及其对土壤、烟叶造成的残留污染。

专利CN202122468322.7涉及烟草生产技术领域，公开了一种烟草加潮机的在线水分检测装置，包括水箱以及设置在水箱顶端的检测箱。该水箱内部的上端设有横向设置且用于对烟草进行传送的传送带；所述检测箱底面的中央开设有检测槽；所述检测箱的检测槽内壁底面开设有三个纵向设置的二号凹槽，传送带能够带动烟草进行移动，在不影响对烟草进行加潮的同时避免对烟草加潮过度而影响烟草的正常贮存；水分测定仪能够对烟草的含水量进行检测，避免对烟草加潮过度的情况出现；同时液压杆和二号凹槽的设计，能够将加工水分测定仪收入检测箱中，减小检测箱在运输中对水分测定仪造成损坏的可能。

专利CN202122506087.8涉及烟草处理技术领域，揭示了一种螺旋式烟草干燥机，包括干燥筒、双杆电机以及连接在干燥筒内侧的内筒，所述干燥筒的内侧与内筒套接相连，所述干燥筒的外侧开设有两个环形凹槽。该技术通过设置的喷射孔能够与设置的空气热泵进行组合,在辅助连接管以及导管的连接作用下,可以让空气热泵将空气进行加热,加热的过程中就能够快速地让烟草在干燥筒的内筒内部进行搅拌烘干,同时在两个搅拌叶的组合作用下,利用双杆电机的作用,可以使得内筒内部的烟草可以更好地进行分散,可以更均匀的加热烟草,提高烟草的处理效率。

专利 CN201720990180.1 公开了一种烤烟散叶烘烤专用摊薄装置,包括底座,所述底座的前侧面安装有控制开关,底座内侧安装有传送装置,底座的上侧面左端安装有左摊平器,底座的上侧面右端安装有右摊平器。该装置结构简单、运行稳定,通过左摊平器和右摊平器配合传送装置的传送带将散烟摊薄,同时使烟叶更加平整,第一转轴和第二转轴的转速差便于层叠烟叶的分离,同时为单层烟叶的进行横向的摊平除皱;右摊平器的两个拨料轴相对转动可对烟叶进行纵向的摊平除皱,滚轮可以保证烟叶输送的稳定性,避免烟叶偏移,使烟叶平整且厚度下降。该装置烘烤效率高、使用方便,同时保证了烟叶的后续烘烤的均匀性,提高卷烟的品质。

专利 CN202021074295.4 公开了一种烟苗追肥器,包括:①追肥筒,其上部设有与筒体内连通的进料口,底部设有锥形口,驱动源,设置于所述追肥筒内;②破土棒,设置在所述追肥筒内,并且与所述驱动源相连;其中,所述驱动源可驱动所述破土棒在伸出状态和收缩状态之间活动,在所述伸出状态,所述破土棒伸出所述锥形口外,而在所述收缩状态,所述破土棒收缩于所述追肥筒内,并且所述破土棒与所述锥形口之间留有空隙。该技术只需将追肥器逐次移动至待追肥点,并放入肥料即可,与现有技术相比可有效减轻人工劳动强度,并且能够提高追肥效率。

3.4.8　CN202011318255.4 组合技术剖析

专利 CN202011318255.4 属于通信技术领域,公开了一种面向理性用户的秘密重构方法、计算机设备、介质及终端。该技术通过构建理性秘密重构博弈模型分析理性用户执行秘密重构协议时的策略选择,并结合现有的秘密重构机制,分别提出多种适用于不同场景的理性秘密重构协议设计参考模型,并利用所述参考模型约束理性用户的自利性和公平的理性秘密重构协议,使参与用户获得共享秘密。该技术提出基于混淆的理性秘密重构设计参考模型，并证明该模型能帮助设计者综合考虑用户的自利性行为，从而构造出不依赖可信第三方且能确保公平性的理性秘密重构协议。该技术可帮助设计者有效约束理性用户的自利性，从而设计出适用具有可信第三方场景的理性秘密重构协议。

专利CN202011497921.5涉及一种分布式拒绝服务（DDoS）检测环境下基于差分进化的软件定义网络（SDN）特征提取方法，属于网络通信技术领域。该技术通过差分进化算法结合DDoS检测模型，通过获取网络状态属性，以二进制编码方式标记每个特征的选择状态，生成种群；基于个体适应度的基因型分布，调整个体基因的选择概率，使种群进化、跳出局部最优解，提取与DDoS检测算法性能相关性较强的SDN网络状态特征，继而避免由于特征过多或者使用大量无用特征造成DDoS检测算法精度低、求解速度慢、计算效率低和计算资源浪费等问题，进而提高SDN网络对DDoS攻击的抵抗能力。

专利CN201711093878.4公开了一种加解密一致的代换－置换（SP）网络结构轻量级LBT分组密码实现方法。该技术设计了一种加解密一致的SP网络密码结构，该密码结构像Feistel网络密码结构一样，加密与解密是同一个算法，不需要专门设计解密算法，该结构进行加密的明文数据输入方向与进行解密的密文数据输入方向相同。将设计的这种密码结构实现为一种轻量级LBT分组密码算法，用户根据应用场合需求，选择不同的密钥长度密码算法。解决了基于SP网络结构密码很难做到加解密一致的瓶颈；使LBT密码的加密与解密速度快，有利于软件和硬件实现，同时减少软硬件资源，从而非常适合作为轻量级分组密码。

专利CN201610567942.7提供了一种面向多方容错授权的公开可验证大数据交易方法。首先，该技术引入数字签名的思想，数据提供方对自己提供的数据进行签名、授权，并委托给第三方进行公平、安全的交易；其次，第三方通过对数据进行正确性验证，若验证通过，第三方才会提供数据给需求方，若验证失败，则交易终止；最后，在数据验证通过后，第三方可验证秘密共享技术对数据进行公平性交易。该方法在保证公平、安全交易的同时，也提高了交易效率，保证了交易双方及第三方的利益，并在大数据交易平台上提供了一个便捷、公平且具有容错功能的数据交易方法。

专利CN202011530024.X是一种SDN环境下基于集成小波变换的慢速拒绝服务（LDoS）攻击检测方法。该技术涉及信号处理技术领域，包括：①利用多种不同的小波变换基函数计算得到不同的小波能量谱的熵值集合；②从小波基函数库中随机选取小波基函数；③判断所选取的小波基函数个数是否达到指定集成小波基函数个数，利用三种不同小波基函数进行分解；④提取各系数矩阵的细节系数，计算集成小波能量值，获取集成小波能量谱的熵值集合，分配相应标签，选取部分数据集训练支持向量机模型和全连接神经网络模型；⑤使用训练后的支持向量机模型和全连接神经网络模型检测 SDN 网络中的 LDoS 攻击，检测出 LDoS 则发送警告消息，丢弃流表项对应的数据包，减少 SDN 网络负载。

专利 CN202110006804.2 公开了一种大属性集下的基于 SM9 的属性加密方法及系统，涉及信息加密技术领域，包括：①密钥生成中心生成主公钥和主私钥；②数据拥有者确定第一访问结构；③根据第一访问结构生成第一属性集合；④数据拥有者调用访问结构身份转换算法将第一属性集合转换成身份集合，并根据身份集合和主公钥对第一明文进行加密以生成第一密文；⑤数据请求者获取当前阶段需解密的第二密文；⑥密钥生成中心判断第二密文是否存在，若存在则根据数据请求者的用户身份以及在第二属性集合下的解密密钥和哈希值对第二密文进行解密。该技术在云环境下，保证一对多数据共享的灵活性、动态性和高效性。

专利 CN201810574634.6 公开了一种基于传统分组密码的保持格式加密方法。该技术设计了一种保持数字型和字母型混合格式的加密方法，该加密方法通过构造替换表实现数字和字母与比特串之间的转化，使用了 Feistel 网络结构，在轮运算中使用了传统的分组密码算法，保障算法的安全性，在轮运算前后设计了压缩映射运算，不但保障了加密后的数据在指定格式范围内，也在整体上保留了 Feistel 网络结构加密与解密过程一致的特点，最终加密结果的长度与明文保持一致。用户根据实际应用场景需求，可以选择不同的替换表和选择不同的分组密码算法对数据进行加密和解密。该加密方法保障了数据在传输和存储阶段的安全，并且不会破坏数据库结构和业务系统功能。

专利 CN201911004437.1 属于信息处理技术领域，公开了一种基于混淆激励机制的理性公平秘密信息共享方法，可有效约束理性用户自利性行为，实现公平的秘密共享大量，该方法具有较好的实用性。

专利 CN202011549414.1 公开了一种基于流表项属性的采样及 DDoS 检测周期自适应调整方法，涉及互联网安全技术领域。包括：①计算基于流表项存在时间以及检测过程的过程因子；②计算基于历史检测信息的信任度因子；③基于所述过程因子和信任度因子，自适应调整采样及检测周期。该技术能够定期收集由网络请求产生的新增流表项，并根据流表项存在时间、检测过程以及检测结果自适应地调整流表项采样及检测周期；针对新增表项和交换机中已有的流表项，自适应地调整检测周期，能够达到精准定位由DDoS攻击产生的流表项、有效降低控制器与交换机之间的网络负载以及快速响应DDoS攻击的目的。

专利CN201811037457.4公开了一种基于区块链的不记名投票和多条件计票的方法，属于互联网技术领域。该方法包括投票人登记、投票、投票查询和结果统计。该技术通过对投票人的公开信息进行加密、数字签名，将加密、签名后的公开信息保存在区块链各网络节点的数据库中，可在保证投票人的投票权利和信息安全的情况下，满足通过智能合约进行多条件计票。

专利CN202010415623.0涉及数据传输技术领域，且公开了一种基于区块链技术的传感器接入及数据传输装置，包括数据源、数据传输装置、接入平台、区块链平台和应用平台，其特征在于：①所述数据传输装置包括嵌入式处理器、供电模块、接口模块、加密解密模块、4G模块、储存模块和网卡模块，所述供电模块、接口模块、加密解密模块、4G模块、储存模块和网卡模块均与嵌入式处理器连接；②所述数据源、数据传输装置、接入平台、区块链平台和应用平台之间分为外部机制交互和内部机制交互；③使多种传感器可以接入区块链系统，保证数据的不可篡改性操作，使用方便，准确性和实时性比较高。

专利CN202010774978.9提供了一种基于深度学习的网络入侵检测方法和报警系统，基于深度学习的网络入侵检测方法和报警系统主要通过对入侵检测数据集进行归一化处理、可视化图像转换处理和滤波处理，以提高所述入侵检测数据集的纹理特征的清晰度，并且还构建和优化训练关于多层卷积和深度置信网络相结合的模型，并基于该模型对所述入侵检测数据集进行测试处理，以获得相应的网络入侵检测结果。可见，基于深度学习的网络入侵检测方法和报警系统，能够有效地解决有关技术检测速度慢和准确率低下的问题。

专利CN201810941285.7公开了一种可恢复的保留数字类型轻量级脱敏方法，该方法使用0~9这十个整数，通过轻量级分组密码算法进行加密，得到密文大小分布序列，将分布序列作为数字型正置换表。该方法将要脱敏的真实数字型数据与加密密钥对应相加、取模10操作，再进行数字型正置换表置换脱敏操作，脱敏后得到数字型假数据，完成数据的脱敏。在数字型正置换表的基础上，构造一个数字型反置换表，脱敏后的假数字型数据进行数字反置换表置换恢复操作，再与加密密钥进行——对应相减、取模 10 操作，从而使脱敏后的假数据恢复得到真实的数字型数据。该方法使保持脱敏前数据与脱敏后的数据格式不改变，实现了数据遮蔽，并且对任何长度的数字型数据，进行高效、安全的脱敏处理与脱敏后恢复，节省了软件实现的开销与硬件实现的成本。

专利 CN201710441488.5 公开了一种面向大数据的确权方法，确权过程包括初始化阶段、抽样挑战阶段、确权结果上链阶段。作为基于第三方确权中心和区块链的面向大数据的确权方法，该技术能够有效保证数据权属界定的公平性以及权属结果的完整性和可信性。

专利 CN202010383303.1 涉及节点扩容技术领域，且公开了一种面向联盟链的大规模节点扩容方法，其特征在于：①包括服务节点、根节点、应用节点和接入节点，节点扩容方法包括硬件资源的扩容或硬件复用方式的扩容；②解决当前联盟链扩容所造成的性能影响问题、不能无限扩容的问题，以及扩容导致的节点成员不得不承担本不该承担的存储成本的问题，保证联盟链网络整体性能和效率不受损的前提下任意扩充节点的数量且不造成节点承担额外存储成本。

专利 CN201710404398.9 公开了一种汽车的无钥匙进入与启动系统的密钥导出方法，包括：①密钥协商过程：钥匙端使用密钥协商过程所获得的原厂商代码、临时密钥、序列号以及种子码的值计算出本轮通信双方的设备密钥，然后生成经过 Keeloq 加密后的 32 位跳码数据；②钥匙端将由固定码和跳码组成的 66 位编码字连同用钥匙端私钥签名的数据以及签名时间戳发送到车载端；③检测车载系统使用钥匙端私钥验证接收的响应数据是否合法，若合法，则做出相应的动作响应。该技术能提高洗车密钥管理安全性。

3.4.9　CN201811164714.0 组合技术剖析

专利 CN201811164714.0 公开了一种基于物联网的智能新能源汽车蓄电池输送装置，包括公路面。其中所述公路面的两侧分别设置一排相对应设置的支撑立柱，所述支撑路面的两侧分别设置有连接在所述支撑立柱上的支撑滑道，所述支撑滑道的两侧分别设置有一个第一滑道和一个第二滑道，所述支撑滑道的两侧分别设置有一个滑动的滑动机体，所述滑动机体上分别设置有在所述第二滑道内转动的驱动转轮，所述滑动机体上分别设置有一个存储箱，能够通过滑动机体的滑动能够进一步带动存储箱的滑动。该装置可避免新能源汽车因电量亏损导致的无法行驶的问题，以达到救援的目的。

专利CN201620256122.1公开了一种基于数字信号处理器（DSP）的电动汽车蓄电池监测系统，包括蓄电池容量监测仪用于监测蓄电池的实时容量。其中，所述蓄电池容量监测仪连接至处理器，处理器连接设置有显示模块、报警模块以及电流监测模块；所述电流监测模块用于对电机的电流和蓄电池的电流进行监测。该技术通过蓄电池容量监测仪用于监测蓄电池的实时容量，同时还通过电流监测模块对电机的电流和蓄电池的电流进行监测，并在显示模块上进行显示，可以使驾驶员清楚了解蓄电池的工作状态，同时还可以进行报警提示，提高电动汽车驾驶的安全系数。

专利CN201510418531.7公开了一种太阳能汽车电池控制系统及控制方法。其中，所述控制系统包括多块太阳能电池板组成的太阳能光伏电池组和多个蓄电池单体组成的蓄电池组，还包括中央处理模块、车辆行驶状态参数检测模块、逻辑充电开关阵列、逻辑放电开关阵列和电池信息检测模块；所述控制方法主要通过中央处理模块对太阳能光伏电池组、蓄电池组的电量信息和车辆行驶状态参数信息进行处理，进而对不同状态下的太阳能汽车采取不同的电能供给方式，以及控制不同电能转化量的太阳能电池板对含电量不同的蓄电池单体进行充电。该技术提供了太阳能汽车运行时电能的有效分配的控制系统和控制方法，既有利于蓄电池组高效充电，又有利于满足车辆动力性能要求。

专利CN201620144534.6公开了一种用于转运电动汽车电池箱的推车，包括车身（1）、脚轮（2）和车把（3）。其中，在所述车身（1）上设置有升降机构，升降机构的上方设置有放置板（4），在放置板（4）上设置有至少一条导向槽（5）；所述导向槽（5）的一端开口，另一端封闭，在所述放置板（4）上排列设置有辊轮（6）。该技术通过在放置板（4）上设置导向槽（5），所述导向槽（5）与电池箱上的凸起相匹配，当电池箱放到放置板（4）上时，导向槽（5）可以起到导向和定位的作用，防止电池箱放歪；另外，通过在放置板（4）上设置辊轮（6），只需很小的推力即可在放置板（4）上推动电池箱时。

专利CN201730031876.7提供了一种用于保护和安装电动汽车电池的电动汽车电池箱。该电池箱整体结构呈长方体箱型结构，具备一定的规整性，箱体外壳形成封闭或半封闭腔体，安装与固定顶部及侧边可见一些凸起的螺栓结构，散热相关侧面开设的圆形孔结构，正面设置了把手结构。

专利 CN201910679331.5 提供了一种新能源电动汽车电池的组装外壳，包括壳体、底座、电池、固定压板、套圈和板簧。其中所述底座的通道与壳体的凸形条相互配合安装，且壳体的凸形条外侧开设有通孔；所述底座靠下点设置有整体的减震装置，且装置由螺母与弹簧组成；所述固定杆通过底座两侧上端所开设的固定孔固定，且底座的端面上设有电池的安装槽；所述固定压板套接在固定杆上，且固定压板由套圈与板簧焊接成，底座所设置的电池之间均设有一定的间隙，且其中每两排电池之间均设置有一处较大的通道，安装在底座外侧的外壳与底座的通道相接处外侧开设有通孔，通道、间隙与通孔能够给电池散热，且瞳孔处还可安装散热风扇进行散热。

专利 CN201920709661.X 提供了一种用于新能源汽车电池组的循环风冷装置，包括金属壳体、凹形限位块和方形通孔。其中，所述金属壳体内腔底端面呈矩形阵列状共设有十个所述矩形限位槽，且每个所述矩形限位槽内均安装有一块所述电池；所述金属壳体上端面安装有顶盖，且顶盖下端面呈矩形阵列状固定连接有 10 个所述凹型限位块；所述金属壳体上端面后方设有方形通孔，且当顶盖安装在金属壳体上端面时，方形通孔与电源线接口处相套接。该装置将水车式风扇组安装在左侧电池与右侧电池相对面之间，通过 8 个所述水车式风扇组，使前后 2 个相邻的所述电池之间的热量能够得到及时快速的降温，提高了新能源汽车电池组内散热风扇的吹风方向，从而使每个所述电池都够得到有效的降温。

专利 CN201921975683.7 公开了一种新能源汽车动力电池回收的干燥装置，其特征在于，包括箱体和箱体门，其特征在于：所述箱体顶部且位于箱体内设置有风机，所述风机下部设置有第二加热丝，所述箱体底部设置有电机，所述电机固定连接有转轴，所述转轴顶端固定设置有旋转篮，所述旋转篮两端设置有滑块，所述箱体左侧且位于箱体内部还设置有湿度传感器，所述箱体内壁设置有第二加热丝；所述箱体门上设置有控制面板和拉手，所述风机、加热丝、湿度传感器均与控制面板电性连接。该技术采用电机、转轴与固定篮的设计，解决了现有的干燥装置内的锂电池不能进行旋转干燥的问题，有效提高了工作效率和干燥速度，并且使锂电池的回收质量有效提高，且使用更加方便。

专利CN202020708240.8属于新能源汽车技术领域，为一种新能源汽车电池组防护装置，包括箱体。其中，箱体内设有四块隔离板，且四块所述隔离板首尾相连成"口"字形结构的整体，其内侧为容纳新能源汽车电池组的容置腔；隔离板的外侧面与箱体的内壁之间固定有隔离块；隔离板的下方分布有沿水平方向设置的活动底板，在活动底板的底面与所述箱体内底面之间分布有缓冲组件。该技术的新能源汽车电池组防护装置，结构简单实用、易于安装，可实现新能源汽车电池组的隔离安装，易于新能源汽车电池组的可靠散热，同时内置活动底板和缓冲组件，对新能源汽车电池组实现缓冲抗震效果，避免车体晃动导致电池组抖动而损坏，对新能源汽车电池组起到了较佳的防护效果。

专利CN202120744839.1公开了一种具有散热结构的新能源汽车电池盒，包括电池盒主体以及内衬壳。其中，所述内衬壳设置于电池盒主体内，所述内衬壳的外侧壁面上设置有散热片，所述内衬壳内设置有循环导热结构，所述电池盒主体的下端面开设有透气孔，所述电池盒主体的上盖上设置有风冷降温结构，所述电池盒主体的上盖一侧留设有接线口，该技术涉及新能源汽车电池盒技术领域，在电池盒主体内设置有内衬壳，内衬壳内设置有循环导热结构，将蓄电池作业过程中，产生的热量快速导出，从而提高对蓄电池的散热性能；同时，该技术在电池盒的上盖内设置有风冷降温结构，可以通过风冷的方式配合循环导热结构，进一步提高散热效率，结构简单，散热降温效果好。

专利CN202121200723.8公开了一种新能源汽车电池状态监测装置，监测机构包括电阻块、电压表、控制板、智能开关、热感片、水冷组件以及风冷组件，电阻块、电压表、控制板、智能开关的底部均与安装板的顶部固定连接，电阻块和电池组的顶部均与热感片的底部固定连接，水冷组件的外表面与安装板的外表面活动连接，风冷组件的外表面与支撑板的外表面活动连接。该技术涉及电池监测技术领域，其装置通过电阻块、电压表、控制板、热感片等结构的组合，在电池放电工作时，可以掌握电池组的实时状态，并作出相应处理，可解决新能源汽车电池因为没有实时监测所以无法及时了解电池状态的问题。

专利CN202121443619.1公开了一种新能源汽车电池回收运转机构，涉及汽车零部件处理装置技术领域。该技术包括空心框，空心框的一侧设置有运输皮带，运输皮带的外表面等间距连接有凹槽板，运输皮带的内部上侧连接有从动辊，运输皮带的内部下侧连接有主动辊，空心框的下表面后侧左右对称连接有耳座，空心框的下表面设置有底板，底板的后表面连接有第二横板，第二横板的左右两表面对称连接有第三连接轴，第三连接轴的圆周面和耳座的中部转动连接，底板的前表面连接有第一横板，第一横板的上表面左右对称连接有电动伸缩轴。该技术解决了人们装卸新能源汽车电池不方便的问题。

3.4.10 CN202011139316.0 组合技术剖析

专利 CN202011139316.0 公开了一种绿色功能因子食品制作设备及其制备方法，包括安装架和存料罐。其中，所述安装架顶部的中间位置处套设有超滤膜，所述超滤膜内部顶部的一侧设有超声波发生器，所述超滤膜底部的中间位置处设有相互连通的排流口，所述超滤膜底部的一侧设有相互连通的排污口。该技术通过预混合导流组件的相互配合，可在原料下料时与水液进行接触，并在套筒的离心旋转以及导向粉碎环和螺旋导流杆产生的导向分散结构加持，使原料与水液的接触面和混合成效更加均匀迅速，同时利用通流板的辅助搅拌和加热套的加热配合下，使多种蛋白酶内的小分子肽得到激发反应，提高蛋白酶内小分子肽因子提取的工作效率。

专利 CN202130014631.X 用于食品包装使用的食品包装盒，整体造型呈圆柱状，由上盖、围栏状侧壁和底部构成；上盖为圆形平面结构，颜色是浅棕色；侧壁采用围栏式设计，红色的竖条栏杆围绕成圆柱侧面；底部是带有灰色支撑脚的圆形结构。

专利 CN202230061141.X 用于食品陈列、摆放的食品架，整体结构为多层式架构，由4层带格栅的置物层与支撑结构组成，呈阶梯或错落式分布；置物层每层都有格栅设计；层与层之间通过侧边支架连接。

专利 CN202120519197.5 公开了一种发酵食品用混合调配装置，包括：①置液箱底端均匀安装有至少3个支撑脚，置液箱顶端设有调配罐；②置液箱一侧贯通连接有排水管，置液箱一侧连接有排水管，置液箱另一侧连接有接水管；③调配罐顶部设有可拆卸的盖体，盖体上竖直贯穿有转动连接的转动杆，转动杆第一端设有伸缩体，伸缩体下端连接有转动轴，转动轴上套设有可拆卸的工作件；④调配罐底部两侧分别设有出水口和排料口，盖体上表面设有驱动转动杆转动的驱动装置；调配罐顶端上表面一侧设有与其相贯通的进料口，调配罐顶端上表面另一侧设有驱动转动杆转动的驱动装置。该技术结构简单，使用方便，成本较低。

专利 CN202020456645.7 公开了一种可重复使用生鲜食品冷藏运输箱，涉及物流包装设备的技术领域，包括内部中空的泡沫箱。其中，所述泡沫箱顶部设有开口，所述开口处盖合有用于密封泡沫箱顶部的盖体，所述泡沫箱内可拆卸连接有蓄冷盒，所述蓄冷盒上设有进出料口，所述蓄冷盒内填装有蓄冷剂，所述蓄冷盒的表面设有防水层，所述泡沫箱外包覆有用于保护泡沫箱完整的壳体。采用该技术方案可以克服生鲜食品包装箱一次性使用造成资源浪费的问题，用于生鲜食品的物流包装。

专利 CN201721867644.6 公开了一种食品加工用带有自动进料机构的混合机，包括机体。其中，机体左侧竖直设有物料提升机，物料提升机下侧的进料口左端设有进料斗，进料斗下侧设有重量传感器，进料斗内部左侧设有推料板，推料板左侧与第一液压缸的活塞杆连接，重量传感器通过控制器与第一液压缸连接，进料斗的右侧设有挡料板。该技术通过提升机和螺旋送料机构实现了连续、均匀的自动进料，上料效率高，无须人工操作，省时省力，能够实现定量进料，采用螺带式搅拌桨和横向搅拌叶片对食品原料进行搅拌，搅拌效果好、效率高，搅拌充分均匀，能够有效避免粉尘对机器关键零件的堵塞。

专利 CN201720319200.2 公开了一种食品加工用高效混合装置，包括机体。其中，机体上侧中间位置设有进料漏斗，进料漏斗底端通过振动筛与机体上侧的进料口连接，机体内部上侧设有食品添加剂播撒装置，食品添加剂播撒装置包括固定管、弹性管、喷嘴、弹性体、摆动机构，固定管一端与弹性管连接，弹性管另一端与喷嘴连接。该技术可对饲料进行筛选，使饲料添加剂与饲料混合更加充分均匀，集粉碎和混合功能于一体，提高了食品生产的效率，能够有效防止因搅拌过程中物料阻力过大引起的电机损坏现象，延长了混合机的使用寿命，有效避免物料黏附在机体内壁上；另外，能够有效减振，减震效果好，降低了噪声。

专利 CN201720326754.5 公开了一种食品生产用黏性物料搅拌装置，包括机体和搅拌装置。其中，机体包括内筒和设置在内筒与内筒共轴心设置的外筒，在内筒和外筒之间设有空腔，在空腔内部填充有隔热层，在空腔的顶部机体上开设有用于将隔热层抽出的开口，搅拌装置设置在机体内部中心处。该技术可对黏性物料进行充分搅拌，能够在搅拌过程中对物料进行双重加热，降低黏度从而提高搅拌效果,且可对机体内壁进行刷洗避免物料黏附,能够对机体内部进行充分的清洗,无须人工操作,有效提高了装置的工作效率;另外,通过带动机体进行高频振动提高搅拌效果,可使物料搅拌更加均匀,避免物料结块或黏合。

专利CN202122280571.3公开了一种食品用快速冷冻装置,包括底座。其中,底座两端的顶部分别固定连接有两个第一固定板与两个第二固定板,两个第一固定板之间转动连接有第一输送辊,两个第二固定板之间转动连接有第二输送辊,底座的顶部固定连接有步进电机,第一输送辊的一端固定连接在步进电机的输出端上,且第一输送辊与第二输送辊的外侧套接有输送带,输送带的表面开设有网格排列的通孔,底座顶部的中部固定连接有冷冻箱,冷冻箱的两端均开设有通槽,且冷冻箱靠近通槽的内壁上固定连接有风幕机,输送带贯穿通槽设置于冷冻箱的内部。该装置冷冻效率较高,可降低食品生产的成本,且能够对食品进行均匀的冷冻,提高其冷冻效果。

专利CN202022151812.X公开了一种特色食品开发原料搅拌装置,包括机体。其中,机体的下方四角处均设置有支架,所述支架与机体的底面固定连接,且支架的底部套设有防滑垫,机体的底部开设有出料口,机体的上方中心处安装有电机。该特色食品开发原料搅拌装置,机体内部设置有分隔板将机体内部分割成预处理仓和搅拌仓两部分,在原料进入机体内时,首先经过预处理仓内的刀片进行初步切割粉碎,从而使得搅拌的时候更加充分,提高搅拌的效率,且搅拌仓内设置有凸块,凸块与搅拌杆对应设置,辅助搅拌杆搅拌原料,机壁内部设置有弹簧,减少装置震动的同时搅拌仓震动,增加原料搅拌的充分性,且机体的一侧设置有气泵,使得机体内部的空气循环,原料搅拌更为充分。

专利CN201721378208.2属于食品用具制造业领域,公开了一种新型多功能防腐塑料食品保鲜盒;手托通过塑料转轴安装在盒盖上,所述盒盖四边固定有卡夹,所述盒盖通过卡夹固定在盒体上方;托盘键接有横栏,所述其内部安装有各类食品用具的模板;所述盒体外部设有开口,内部的安装有网格罩。该技术结构简单,食物放进箱体内部的托盘上,排放比较有条理性,能节省出更大的空间,通过在网格罩放置食物防腐剂,食物防腐剂不会直接接触食物,能让食物能保持的时间更长,食用起来更加安全。

第4章 专利运用典型案例解析及经验总结

4.1 清华大学推动高温气冷堆核能技术产业化落地

4.1.1 案例详情[1]

我国华能石岛湾高温气冷堆核电站于2023年12月完成168小时连续运行考验后正式投入商业运行,每年可带来14亿千瓦时的发电量,预计每年减少二氧化碳排放90万吨。这是我国国家科技重大专项标志性成果之一,拥有完全自主知识产权,标志着我国在第四代核电技术领域达到世界领先水平。

20世纪80年代,高温气冷堆技术因其固有安全特性受到关注。在中国科学院院士王大中带领下,清华大学在国家高技术研究发展计划("863计划")的支持下,攻克多项关键技术,于2000年建成高温气冷实验堆,2003年并网发电。

2003年起,清华大学与中国核工业集团联合开展产业化探索。2006年,"高温气冷堆核电站"被列入国家科技重大专项。

此后,清华大学围绕该技术持续进行知识产权布局,形成覆盖多项核心及相关配套技术的知识产权保护体系,并在10余个国家和地区提交国际专利申请。2020年10月,清华大学以131件专利、4件软件著作权及相关专有技术增资入

---

[1] 吴珂. 十大案例|从实验堆到商业运行历时20年,清华大学推动高温气冷堆核能技术产业化落地[EB/OL]. (2024-07-25) [2024-11-15]. https://www.cnipa.gov.cn/art/2024/7/5/art_3406_193608.html.

股中核能源科技有限公司,中国核工业集团同步注入资金,共同推动后续产业化项目落地。

4.1.2 典型意义

第一,技术突破与创新引领。

高温气冷堆核电站的成功商业运行,标志着我国在第四代核电技术领域取得重大突破,达到世界领先水平,展现了我国在核能技术研发和创新方面的强大实力,为我国核能产业的升级发展提供了有力支撑,也为全球核能技术的发展贡献了中国智慧。

第二,助力绿色发展与"双碳"目标实现。

该核电站每年可减少大量二氧化碳排放,为我国能源绿色化转型和"双碳"目标的实现提供了重要助力,体现了核能作为清洁能源在应对气候变化、推动可持续发展中的重要作用,彰显了我国在绿色发展道路上的决心和行动力。

第三,产学研合作与产业化示范。

清华大学与中国核工业集团等单位的紧密合作,实现了从技术研发到产业化应用的无缝衔接,是产学研深度融合的成功典范。通过知识产权增资入股等方式推动产业化项目落地,为高校与科研院所的科技成果转移转化提供可借鉴的模式,促进了科技与经济的紧密结合,推动了相关产业的高质量发展。

第四,提升国际竞争力与影响力。

清华大学拥有的完全自主知识产权的高温气冷堆核能技术,以及提交大量专利申请,增强了我国在核能领域的国际竞争力和话语权,提升了我国在全球核能产业中的地位和影响力,有助于我国在国际核能市场中占据更有利的位置,推动核能技术的国际合作与交流。

4.1.3 案例启示

第一,前瞻性布局与长期投入。

清华大学从 20 世纪 80 年代开始关注高温气冷堆技术,到 2023 年实现商业运行，历经20多年的技术研发和产业化探索。这表明在科技研发和产业布局中，需要有前瞻性的眼光和长期的投入，勇于探索前沿领域，坚持不懈地攻克技术难题，才能取得重大突破和成果。

第二，产学研紧密结合。

清华大学与中国核工业集团等单位的深度合作，充分发挥了高校的科研优势和企业的产业资源优势，实现了技术研发、工程设计、设备制造、工程建设、调试运行等全产业链的协同发展。这种产学研紧密结合的模式，能够有效整合各方资源，加速科技成果的转化和产业化进程，提高项目的成功率和效率。

第三，知识产权保护与运用。

清华大学高度重视知识产权保护，从技术研发初期就开始进行系统的知识产权布局，形成全方位的知识产权保护体系，并通过国际专利申请等手段拓展国际市场。同时，将知识产权与产业化紧密结合，以知识产权增资入股等方式推动项目落地，充分发挥了知识产权在产业发展中的核心竞争力作用，为科技成果的产业化提供了有力保障。

第四，技术验证与迭代升级。

清华大学从高温气冷实验堆的建设到商业规模电站的探索，再到最终的商业运行，经历了从"从0到1"的技术突破再到"从1到N"的产业化推广的过程。在这一过程中，清华大学通过实验堆的验证，不断积累经验，优化技术方案，逐步攻克产业化过程中遇到的各种技术难题，实现了技术的迭代升级和持续创新，为项目的成功奠定了坚实基础。

第五，人才与团队建设。

清华大学核能团队在长期的研发过程中，培养和凝聚了一批高素质的专业人才队伍，他们在技术研发、工程设计、知识产权保护等方面发挥了关键作用。同时，清华大学通过选派专业技术人员入驻企业，为企业提供技术支持和解决方案，保障了产业化项目的顺利推进。这说明在科技研发和产业化过程中，人才和团队是核心要素，需要注重人才的培养和引进，打造高素质、专业化的团队，为项目的成功提供人才支撑。

4.2 上海交通大学探索"赋权+完成人实施"新途径

4.2.1 案例详情❶

上海长海医院泌尿外科王林辉教授团队,通过5G网络与远在2400多公里外的某医院连线,成功实施一台单孔机器人辅助腹腔镜左侧肾囊肿去顶减压手术。王林辉教授通过3D高清电子内窥镜实时观察患者腹腔内状况,并操控手术器械臂完成手术。

该手术所使用的专业单孔腔镜手术机器人由上海交通大学徐凯教授团队研发。上海交通大学通过"完成人实施"模式,将核心专利技术成果所有权赋予徐凯本人,徐凯以专利出资创办了北京术锐机器人股份有限公司,加速推进核心技术研发和成果产业化。该创新成果的研发应用入选2024年国家知识产权局发布的专利产业化十大典型案例。

上海交通大学作为全国首批"赋予科研人员职务科技成果所有权或长期使用权"试点单位,探索"赋权+完成人实施"模式,将科技成果70%的所有权份额赋予科研人员,自留30%。科研人员有意向创业时,学校按专利成本价格收取一定费用,将30%的所有权份额转让给科研团队,科研人员将完整产权投入创业公司,吸引社会资本,进行成果转化。

北京术锐机器人股份有限公司获得工业和信息化部、科学技术部等支持,以及多家投资机构青睐。上海交通大学持续为北京术锐机器人股份有限公司提供工程技术支撑,双方建立以企业为创新主体的技术攻关机制,形成多项拥有自主知识产权的优势技术。术锐单孔腔镜手术机器人成为国内首款、全球第二款单孔腔镜领域获批上市的手术机器人。

4.2.2 典型意义

第一,技术创新与突破。

---

❶ 李杨芳. 十大案例丨赋权改革助力硬科技飞出"象牙塔"[EB/OL]. (2024-06-26) [2024-11-15]. https://www.cnipa.gov.cn/art/2024/6/26/art_3406_193388.html.

术锐单孔腔镜手术机器人的成功研发和应用，标志着我国在高端精准医疗装备领域取得重大突破，实现了国产化产品在该领域的弯道超车，打破了国外技术垄断，提升了我国在高端医疗器械领域的自主创新能力和国际竞争力。

第二，科技成果转化示范。

上海交通大学"赋权+完成人实施"模式为我国高校与科研院所科技成果转化提供了成功范例，有效解决了高校与科研院所科技成果转化中面临的国有资产责任顾虑、市场要素参与受限等问题，实现了科研成果与市场的高效对接，加速了科技成果的产业化进程，为其他高校与科研院所的科技成果转化提供了可借鉴的经验。

第三，产学研用深度融合。上海交通大学与北京术锐机器人股份有限公司等企业建立了紧密的产学研用合作关系，通过联合研发、技术攻关等方式，实现了高校科研资源与企业市场资源的有机结合，推动了技术创新和产品升级，促进了科技成果在临床医疗中的应用，提高了医疗服务质量和效率，为我国高端医疗器械产业的发展提供了有力支撑。

第四，推动医疗资源均衡化。

王林辉教授远程手术的成功实施，借助5G网络等先进技术，使优质医疗资源能够跨越地域限制，为偏远地区或医疗资源匮乏地区的患者提供高水平的医疗服务，有助于缓解医疗资源分布不均衡的问题，推动医疗资源的合理配置和医疗服务的均等化。

4.2.3　案例启示

第一，赋权与激励机制。

上海交通大学通过"赋权+完成人实施"模式，赋予科研人员完整的成果自主权，解决了科研人员在成果转化中的责任顾虑，激发了科研人员的创业积极性和创新活力，为科技成果转化提供了强大的内生动力。这种模式为高校科技成果转化提供了新的思路和途径，值得在更多领域和单位推广。

第二，市场化与社会资本参与。

上海交通大学引进市场化的风险投资参与科研人员创业，解决了科技成果转化过程中资金短缺的问题，同时避免了高校介入科创企业所带来的复杂问题，使市场要素能够更自如地参与资源配置,为科技成果产业化提供了有力的资金保障和市场支持。

第三,产学研用协同创新。

上海交通大学与企业建立紧密的产学研用合作关系,可以充分发挥高校的科研优势和企业的市场优势,通过联合研发、技术攻关等方式,加速科技成果的转化和应用。这种协同创新模式能够有效整合各方资源,提高创新效率,推动产业技术升级,实现高校、企业和社会的多方共赢。

第四,持续的技术支持与反哺。

上海交通大学为科研人员创业提供持续的工程技术支撑,帮助企业在技术研发和产品升级过程中解决技术难题,同时企业的发展也为高校的科研工作提供了反哺,形成了高校与企业相互促进、共同发展的良好局面。这种互动模式有助于高校科研成果的持续产出和企业的长期稳定发展,为科技成果转化和产业创新提供了良好的生态环境。

第五,政策支持与平台建设。

政府部门对科技创新和成果转化的政策支持,以及概念验证和未来产业园等平台的建设,为科技成果转化提供了良好的政策环境和基础设施保障。这些支持和平台建设有助于降低科技成果转化的风险,提高转化成功率,促进科技成果的快速孵化和产业化发展,推动新质生产力的不断涌现。

4.3 湖南大学专利转化全流程服务体系推进新技术落地转化

4.3.1 案例详情[1]

湖南大学陈政清院士团队从2010年起研发"电涡流阻尼新技术",突破了传

---

[1] 王晶. 十大案例 | 相关专利从仅获20万元转让费到作价1亿多元入股,湖南大学成功的"秘诀"是……[EB/OL].(2024-06-06)[2024-11-15]. https://www.cnipa.gov.cn/art/2024/6/6/art_3406_193095.html.

统油阻尼器的局限，形成了一系列原始创新成果。2016 年，该技术相关专利以 20 万元转让给企业，虽在一些项目中得到应用，但专利授权费不高。

2018 年湖南大学科技成果转化中心（知识产权中心）成立后，该中心组织专人与研发团队共同探讨技术应用及转化前景，梳理存量专利，筛选关键核心专利，形成专利分析报告。通过与投资机构对接、举办产业化研讨会等，明确合作对象，扩充应用场景。

2021 年 10 月，湖南省高新创业投资集团有限公司和湖南省产业技术协同创新有限公司现金出资，湖南大学以"电涡流阻尼新技术"作价，三方共同向湖南省潇振工程科技有限公司增资。湖南省潇振工程科技有限公司成为全球掌握磁阻尼全套技术的高科技企业之一，该技术已广泛应用于 120 多项工程，遍及多个国家和地区，产生了显著的经济效益和社会效益。

4.3.2 典型意义

第一，技术突破与创新应用。

湖南大学"电涡流阻尼新技术"的研发成功，突破了传统阻尼技术的局限，为土木、机械等工程领域的振动与冲击防治提供了新的解决方案，形成了新应用，推动了相关领域技术的进步和创新发展。

第二，专利转化与产业化示范。

该案例展示了高校通过构建完善的专利转化服务体系，推动科技成果从实验室走向市场的成功实践。从最初较低价值的专利转让到形成高价值专利组合作价入股，实现了专利技术的高效转化和产业化应用，为其他高校和科研院所的科技成果转化提供了可借鉴的模式和经验。

第三，产学研合作与多方协同。

湖南大学与企业、投资机构等多方紧密合作，形成了产学研用协同创新的良好局面。这种合作模式充分发挥了各方的优势，加速了科技成果的转化和应用，提高了科技成果的经济效益和社会效益，为科技创新和产业升级提供了有力支撑。

第四，社会效益与经济效益的统一。

该技术的广泛应用不仅保障了多项重大工程的安全与舒适性，提高了工程质量和使用寿命,还创造了显著的经济效益,推动了相关产业的发展,实现了社会效益与经济效益的有机统一,体现了科技创新对经济社会发展的推动作用。

4.3.3 案例启示

第一,构建全流程专利转化服务体系。

湖南大学通过构建"筛选培育—分析导航—融资谈判—落地转化"的全流程服务体系,为科技成果的转化提供了系统性支持。这种全流程服务模式能够有效整合各方资源,提高转化效率,降低转化风险,是推动科技成果转化的重要保障。

第二,强化专利质量和价值评估。

湖南大学加强对专利质量的源头管理和价值评估,完善专利申请前评估机制,以技术成熟度、市场应用前景等为主要维度进行评估,确保专利技术具有较高的转化价值和市场竞争力。这有助于提高专利转化的成功率和效益,提升高校知识产权管理的规范化水平。

第三,加强产学研合作与市场需求对接。

高校应加强与企业、投资机构等的紧密合作,深入了解市场需求,推动科技成果与市场的有效对接。通过产学研合作,实现高校科研资源与企业市场资源的优势互补,加速科技成果的转化和产业化进程,提高科技成果的经济效益和社会效益。

第四,重视专利布局和战略规划。

在技术研发过程中,湖南大学注重专利布局和战略规划,形成高价值专利组合,提升专利技术的整体价值和市场竞争力。通过合理的专利布局,可以更好地保护创新成果,为科技成果的转化和产业化提供有力的知识产权保障。

第五,持续优化转化生态与合作机制。

高校应持续营造良好的专利转化生态环境,引导师生重视科技成果的产权和转化价值,加强项目转化投资的可行性研究和尽职调查。同时,围绕国家重大战略需求,结合学校学科优势,主动对接大型企业和上市后备企业,建立紧密、长效的合作转化机制,推动更多科技成果的高效转化和产业化应用。

4.4 北京大学探索出专利开放许可的有效路径

4.4.1 案例详情[1]

2014年,北京大学程和平院士团队开启超高时空分辨微型化双光子显微镜的研发历程,历经4年取得成功,首次实现自由活动动物大脑神经元和神经突触的清晰、稳定双光子成像。2022年,该团队进一步研制出空间站双光子显微镜,并进入太空。

与传统的微型化单光子成像技术相比,该双光子显微镜成像视野更大,具备三维成像能力,能够获取自由活动小鼠大脑内上千个神经元的动态功能图像,并实现长达一个月的追踪记录,为神经药理学、脑机接口、疾病诊断等领域带来新发展。

2018年5月,北京大学与北京超维景生物科技有限公司以独占许可方式签订专利实施许可合同,北京超维景生物科技有限公司支付入门费并约定定期支付销售额阶梯式提成。截至2023年年底,相关成像系统整机设备累计销售72台(套),创造直接经济价值约2.3亿元。北京超维景生物科技有限公司也加快推动科研成果向医疗产品应用转化,双方还签署了长期合作项目,开展面向未来的技术合作。

在技术转化中,科研人员通过许可方式保留科技成果相关权利,与企业建立长期联系,持续跟进技术更新与迭代。北京大学整合知识产权管理和成果转化一体化运营,建立"一门式"全流程贯通工作体系,2013年设立专利运营基金,挖掘和培育高价值专利。

---

[1] 王晶. 十大案例 | 收入预期超10亿元!北京大学以专利许可方式实现脑科学前沿技术产业化 [EB/OL]. (2024-05-30) [2024-11-15]. https://www.cnipa.gov.cn/art/2024/5/30/art_3406_193094.html.

4.4.2 典型意义

第一,技术突破与科研创新。

该双光子显微镜的成功研发,突破了自由活动动物神经元和神经突触动态信号记录的关键技术瓶颈,为脑科学研究提供了全新的工具和手段,加速了脑科学研究和临床应用进程,推动了神经科学领域的技术进步和创新发展。

第二,科技成果转化示范。

北京大学通过与企业合作,将科研成果转化为实际生产力,实现了科技成果的高效转化和产业化应用,创造了显著的经济价值和社会效益。该案例为高校与科研院所的科技成果转化提供了成功范例,展示了产学研合作在推动科技创新和产业发展中的重要作用。

第三,知识产权管理与运营创新。

北京大学整合知识产权管理和成果转化一体化运营,建立全流程贯通的工作体系,设立专利运营基金,挖掘和培育高价值专利,探索出专利开放许可的有效路径,为科技成果转化工作奠定了坚实基础,为高校知识产权管理和运营提供了新的思路和模式。

第四,推动多领域发展与应用。

该技术的成功应用不仅在科研领域取得重大突破,而且为神经药理学、脑机接口、疾病诊断等领域的研究和应用提供了有力支持,有望促进相关领域的快速发展,为人类健康事业作出重要贡献。

4.4.3 案例启示

第一,加强科研团队建设与合作。

北京大学组建了高水平的科研团队,发挥团队成员的专业优势,开展协同创新,攻克关键技术难题。同时,加强高校与企业之间的合作,实现科研资源与市场资源的有效整合,加速科技成果的转化和产业化进程。

第二,注重技术优势与市场需求的结合。

北京大学在技术研发过程中,紧密结合市场需求,注重技术的创新性和实用性，确保研发成果具有较高的市场价值和应用前景。通过与企业的深度合作，北京大学及时了解市场需求，不断优化和改进技术，提高科技成果的转化率和产业化水平。

第三，灵活运用专利转化策略。

北京大学采用专利许可等灵活的转化策略，保留科研人员对科技成果的相关权利，与企业建立长期合作关系，持续跟进技术更新与迭代。通过设定许可期限、使用权限及相关条件，北京大学确保技术能够真正落地实施，保障科研人员和企业的利益，提高专利转化的成功率和效益。

第四，完善知识产权管理和运营体系。

高校应整合知识产权管理和成果转化工作，建立全流程贯通的工作体系，加强知识产权的创造、运用、保护和管理。设立专利运营基金，挖掘和培育高价值专利，提高知识产权管理的专业化水平，为科技成果转化提供有力支撑。

第五，持续推动成果转化与产业化。

高校和科研院所应持续关注科技成果的转化和产业化工作，加强与企业的长期合作，共同开展面向未来的技术合作，推动科研成果向更广泛的应用领域转化。通过构建高价值专利培育运营模式，探索专利开放许可的有效路径，为科技成果转化创造良好的政策环境和市场条件，促进更多创新成果走出实验室，走向市场，服务社会。

4.5 贵州医科大学"技术股+现金股"获转化收益

4.5.1 案例详情[1]

2023年12月19日，贵州医科大学举行科技成果转化项目签约仪式，签约了两项千万元级别的重大科技成果转化项目，分别是脑血管介入手术模拟系统和头花蓼在调节尿酸方面的应用。

---

[1] 杨国军，汪盈平. 技术股+现金股，贵州医科大学两项科技成果千万元转化 [EB/OL]. (2023-12-20) [2024-11-15]. https://cyc.gmc.edu.cn/info/1670/2527.htm.

脑血管介入手术模拟系统由贵州医科大学药学院廖尚高教授科研团队研发，成果能应用于调节尿酸，可用于开发治疗高尿酸相关疾病的药物。以 1000 万元合同金额转让给贵州弘泽制药有限公司，采用里程碑付款方式，科研团队将与企业深入合作开展研发，提升药品治疗范围和疗效。

头花蓼在调节尿酸方面的应用由贵州医科大学附属医院神经外科团队研发，具有高生物仿真度和高可视化特点，可用于个性化和广泛化的术前模拟和操作培训。该团队以知识产权作价入股，与贵州科嘉德医疗科技有限公司共同组建新公司，是学校和附属医院共同推动医学科技成果转化的典型案例，也是该校首次采用团队"技术股+现金股"方式进行转化。

近年来，贵州医科大学不断完善科技成果转化体制机制建设，获得多项国家级荣誉，如教育部首批"高等学校科技成果转化与技术转移基地"等；此外该校拥有多个科研平台和创新团队，其科技成果转化和技术服务交易额保持高速增长。

4.5.2 典型意义

第一，推动医学科技成果转化。

贵州医科大学这两项千万元级别的重大科技成果转化项目签约，标志着贵州医科大学在医学科技成果转化方面取得了显著成效，为医学领域的科技创新和产业发展提供了有力支持，推动了医疗技术的进步和应用。

第二，促进地方经济发展。

学校通过科技成果转化，与企业开展深度合作，开发新药、提升药品疗效、推动医疗器械的研发和应用，为地方经济发展注入了新的动力，体现了高校服务地方经济社会发展的重要作用，促进了科技成果向现实生产力的转化。

第三，体制机制创新示范。

贵州医科大学在科技创新体制机制改革方面进行了积极探索，不断完善科技成果转化的管理体系、制度体系和服务体系，为贵州省高校、医疗机构树立了良好的示范和带动作用，为其他高校与科研院所的科技成果转化提供了可借鉴的经验。

第四，提升学校综合实力。

通过科技成果转化工作的不断推进，贵州医科大学获得了多项国家级荣誉和科研奖项，提升了学校的科研水平和社会影响力，进一步激发了创新创业活力，为学校的高质量发展提供了有力支撑。

4.5.3 案例启示

第一，完善体制机制建设。

贵州医科大学不断完善科技成果转化的体制机制，积极探索优化管理体系、制度体系和服务体系，为科技成果转化和专业技术人员兼职创新、在职创业提供了有力支持和保障，激发了创新创业活力。

第二，加强校企合作。

贵州医科大学通过与企业深度合作，实现科研资源与市场资源的有效整合，加速科技成果的转化和产业化进程。双方强强联合，优势互补，共同推动科技成果转化和产品研发，促进了科技成果向现实生产力的转化。

第三，发挥政策引导作用。

贵州医科大学紧扣政策导向，抓住政策红利，充分发挥政策的引导和激励作用，推动科技成果转化工作。通过落实科技成果赋权政策，调动科技人员的积极性，为科技成果转化提供了良好的政策环境。

第四，强化科研平台建设。

贵州医科大学拥有多个科研平台和创新团队，为科研人员提供了良好的科研条件和创新环境，促进了科研成果的产出和转化。通过加强科研平台建设，提升学校的科研水平和创新能力，为科技成果转化奠定了坚实基础。

第五，注重人才培养和团队建设。

贵州医科大学注重培养和引进高素质的科研人才，打造了一批高水平的科研团队。这些科研团队在科技成果转化过程中发挥了关键作用，通过与企业合作开展研发，推动了科技成果的落地实施。

第六，持续推动成果转化和产业化。

贵州医科大学将持续推进科技成果转化工作，不断提升产学研合作的高度与广度，努力推进后续研发，加快产品上市的实施步伐，树立起成果转化、产学研合作的标杆。进一步开展在大健康产业、医疗产业等领域的合作，通过优势互补实现共同发展。

4.6 中国科学院青岛生物能源与过程研究所多要素全链条成果转化深度融通模式

4.6.1 案例详情[1]

截至 2025 年 3 月,中国科学院青岛生物能源与过程研究所共计申请专利 2262 件,授权 1052 件。该研究所通过知识产权贯标,构建以运用为导向的转化体系,全面梳理知识产权各个环节,并打造系统集成与概念验证平台,构建全链条知识产权与成果转化体系。针对成果转化瓶颈问题,统筹构建政策体系,制定涵盖知识产权各环节的制度,明确规定知识产权归属与权益分配,将知识产权运用与成果转化纳入考核与奖励条件,设立专项奖励,设置"抓攻关"专项,兼顾各方利益进行收益分配。发挥新型研发机构优势,探索"自主研发、合作研发、引进落地"三类成果产出模式,选择多样化的产研合作类型,建立三类知识产权运用转化模式,形成以转化运用为导向的成果转化机制。建立"小核心、大网络"的人才队伍架构,形成包括专利代理师、知识产权专员、技术经理人等在内的专业人才队伍,设立咨询委员会,聘请法律顾问等,协调解决项目落地难点。

中国科学院青岛生物能源与过程研究所针对成果落地转化的难点,成立成果转化专班,按照 1+N 的方式统筹推进重大项目落地转化,建立月例会机制,梳理项目库,依托重大产业化项目进行知识产权系统布局,形成所、地深度融合的成果转化新模式。围绕重大需求,打造"政产学研金服用"多要素融通创新的"微生态",与各方深度合作,建设创新创业共同体和中试与产业化示范基地,探索金融资本助力成果转化的新范式。该研究所以许可、转让为主推动 30 余项成果落地转化,许可转让专利和技术秘密数量占比高,横向合作相关金额全国排名靠前。突破多项关键核心技术,多项成果获奖,实现产业化推广应用或国产化

---

[1] 中国科学院青岛生物能源与过程研究所. 中国科学院青岛能源所成果转化工作概要 [EB/OL]. (2025-03-04) [2025-04-02]. http://qibebt.cas.cn/cgzh/gk/202503/t20250304_7545805.html.

替代等,探索金融资本助力成果转化新范式,相关公司获得市场融资和估值增长。

4.6.2 典型意义

第一,成果转化模式创新示范。

中国科学院青岛生物能源与过程研究所探索形成的"三模式转化机制""专班推进"模式,以及多要素融通创新的成果转化"微生态",为科研院所的科技成果转化提供了新的思路和方法,具有较强的示范作用,可为其他科研院所解决成果转化中的堵点、难题提供借鉴。

第二,服务国家战略与区域发展。

中国科学院青岛生物能源与过程研究所紧密围绕国家"双碳""健康中国"等目标,以及区域、行业重大需求,突破关键核心技术,推动成果转化和产业化应用,体现了科研院所在服务国家战略和区域经济社会发展中的重要作用,为经济高质量发展和科技自立自强提供了有力支撑。

第三,激发科研人员创新活力。

中国科学院青岛生物能源与过程研究所通过构建政策体系,明确规定了知识产权归属与权益分配,将成果转化纳入考核与奖励条件等措施,有效激发了科研人员围绕产业需求开展研究的积极性和主动性,引导科研人员"研究真问题、真研究问题、真解决问题",提高了科研成果的质量和转化率。

第四,促进产学研深度融合。

中国科学院青岛生物能源与过程研究所加强与地方政府、龙头企业、金融资本、第三方服务机构等的深度合作,打造了多要素融通创新的平台,促进了产学研各要素的有机结合和协同创新,加速了科技成果的熟化转化和产业化进程,推动了科技创新与产业创新的深度融合,为产业升级和创新发展提供了有力支持。

4.6.3 案例启示

第一,强化知识产权管理。

中国科学院青岛生物能源与过程研究所以知识产权贯标为抓手,全面梳理知识产权各个环节,将知识产权管理规范要求融入研究所各项管理中,构建全链条知识产权与成果转化体系,为成果转化提供坚实的知识产权支撑。

第二,完善政策保障体系。

针对成果转化的瓶颈问题,中国科学院青岛生物能源与过程研究所统筹构建政策体系,制定涵盖知识产权各环节的制度,明确规定了知识产权归属与权益分配,将成果转化纳入考核与奖励条件,设立专项奖励等,为成果转化提供有力的政策保障,激发科研人员的创新活力和转化积极性。

第三,探索多样化转化模式。

中国科学院青岛生物能源与过程研究所发挥新型研发机构的体制机制灵活优势,探索多样化的成果产出模式、产研合作类型和知识产权运用转化模式,根据不同的项目和合作对象灵活选择转化方式,提高成果转化的适应性和成功率。

第四,建设专业化人才队伍。

中国科学院青岛生物能源与过程研究所建立"小核心、大网络"的人才队伍架构,培养和引进包括知识产权专员、技术经理人等在内的专业人才,设立咨询委员会,聘请法律顾问等,提高转化运用的专业化水平,协调解决项目落地过程中的难点问题。

第五,加强组织协调与项目落地。

针对成果落地转化的难点,中国科学院青岛生物能源与过程研究所成立成果转化专班,按照1+N的方式统筹推进重大项目落地转化,建立月例会机制,梳理项目库,依托重大产业化项目进行知识产权系统布局,加强所、地深度融合,提高成果转化的组织协调能力和项目落地效率。

第六,搭建多要素融通创新平台。

中国科学院青岛生物能源与过程研究所围绕重大需求,打造"政产学研金服用"多要素融通创新的"微生态",与各方深度合作,建设创新创业共同体和中试与产业化示范基地,探索金融资本助力成果转化的新范式,促进产学研各要素的有机结合和协同创新,为成果转化提供良好的生态环境和条件保障。

4.7 高校与科研院所专利运用经验总结

专利转化需突破"点状突破"思维,转向"系统重构"。前端以权属改革释放科研的活力，中端以专业服务打通转化堵点，后端以生态协同放大技术价值，最终形成"人才敢创新、成果能落地、产业有支撑"的良性循环。因此，我国高校与科研院所可以从以下七个方面着手，进一步探索开源技术共享、跨境专利运营等新模式，推动科研院所从知识生产者升级为创新生态构建者。

第一，强化知识产权管理是专利运用的基础。

我国高校与科研院所可全面梳理知识产权的各个环节，构建全链条的知识产权与成果转化体系，是实现专利有效运用的关键。这种系统化的管理方式，不仅能为创新成果提供全方位的保护，而且能为成果转化筑牢坚实的法律屏障。在此基础上，各高校与科研院所高度重视专利布局和战略规划，精心打造高价值专利组合，从而显著提升专利技术的整体价值与市场竞争力。通过科学合理的专利布局，创新成果得以获得更完善的保护，为科技成果的转化和产业化进程提供了强有力的知识产权支撑。

第三，完善政策保障体系为成果转化提供了有力的政策支持。

我国高校与科研院所可聚焦成果转化过程中面临的瓶颈问题，统筹构建全面且有效的政策体系，明确知识产权归属与权益分配，将成果转化纳入考核与奖励条件，激发科研人员积极性和主动性。通过设立专项奖励，引导科研人员紧密围绕产业需求开展研究，从而显著提高科研成果的质量和转化率，为成果转化营造了良好的政策环境。

第三，探索多样化转化模式提高了成果转化的适应性和成功率。

我国高校与科研院所根据不同项目的特点和合作对象的需求，灵活选择技术转让、技术开发、技术秘密许可、作价入股等多种转化方式，是加速科技成果转化为现实生产力的有效途径。这种多样化的转化模式，不仅能加快科技成果的转化和产业化进程，而且能显著提高项目的成功率和效率。同时，各高校与科研院所应注重技术验证与迭代升级，通过实验验证不断积累经验，优化技术方案，逐步攻克产业化过程中遇到的各种技术难题，实现了技术的迭代升级和持续创新，为成果转化提供了坚实的技术保障。

第四，建设专业化人才队伍为成果转化提供了专业支持。

我国高校与科研院所可建立"小核心、大网络"的人才队伍架构，培养和引进包括知识产权专员、技术经理人等在内的专业人才，是提升成果转化专业化水平的关键。这些专业人才不仅能提高转化运用的专业化水平，而且能协调解决项目落地过程中的难点问题。与此同时，各高校与科研院所注重人才与团队建设，通过培养和凝聚一批高素质的专业人才队伍，使其在技术研发、工程设计、知识产权保护等方面发挥关键作用，为成果转化提供了强大的人才支撑。

第五，加强组织协调与项目落地提高了成果转化的效率。

我国高校与科研院所可针对成果落地转化的难点，成立成果转化专班，统筹推进重大项目落地转化，是提高成果转化效率的重要手段。通过建立月例会机制，梳理项目库，依托重大产业化项目进行知识产权系统布局，加强了组织协调能力和项目落地效率。这种组织协调机制，不仅能显著提高成果转化的效率，而且能有效促进科技成果向现实生产力的转化，推动科技成果在实际应用中发挥更大的价值。

第六，搭建多要素融通创新平台为成果转化提供良好的生态环境。

我国高校与科研院所可围绕重大需求，打造"政产学研金服用"多要素融通创新的"微生态"，与各方深度合作，建设创新创业共同体和中试与产业化示范基地，是促进成果转化的重要举措。这些平台不仅能促进产学研各要素的有机结合和协同创新，而且能加速科技成果的熟化转化和产业化进程，推动科技创新与产业创新的深度融合，为成果转化营造良好的生态环境。

第七，持续推动成果转化与产业化是各机构的共同目标。

我国高校与科研院所可关注科技成果的转化和产业化工作，与企业建立长期合作关系，共同开展面向未来的技术合作。通过构建高价值专利培育运营模式，探索专利开放许可的有效路径，为科技成果转化创造良好的政策环境和市场条件，促进更多创新成果走出实验室，走向市场，服务社会，实现科技成果的最大化价值。

第 5 章　贵阳市高校与科研院所专利转化建议

5.1　专利转化政策的完善

5.1.1　细化和落实专利转化政策

截至 2024 年 12 月，贵阳市在专利转化领域已经构建了较为完备的宏观政策体系，这些政策从整体上为专利转化提供了坚实的制度基础和有力的政策支持。然而，聚焦于高校和科研院所这一专利产出的关键领域时，可以观察到，尽管宏观政策具有较强的指导性和前瞻性，但在具体实施层面，针对高校和科研院所专利转化的配套制度仍存在一些不足之处，主要表现为相关制度的实施尚未完全到位，这在一定程度上影响了专利从高校与科研院所向市场的高效转移。

具体而言，高校与科研院所内部的专利管理机制尚需进一步完善，特别是在激励科研人员积极参与专利转化方面，缺乏更为有效的机制。在技术转让和许可的具体操作流程中，还存在一些不明确的环节，导致在实际操作中流程不够清晰、责任不够明确，这些问题不仅降低了专利的转移转化效率，而且在一定程度上制约了高校和科研院所的创新活力和市场竞争力。

鉴于此，为了有效推动贵阳市高校与科研院所的专利转移转化，有必要对现有的专利转移政策进行进一步的细化和落实。这需要重点围绕技术转让、许可等相关制度和机制进行更加深入的构建和完善。具体措施包括：①明确专利的归属和权益分配机制，确保科研人员在专利转移转化过程中的合法权益得到充分保障；②建立健全专利评估和定价机制，提高专利的市场价值评估准确性；③优化技术转让和许可的操作流程，简化审批程序，提高工作效率；④加强高校、科研院所与企业之间的合作机制，促进产学研深度融合，加速专利的产业化进程。

通过这些细化和落实措施，可以有效解决高校与科研院所专利转移转化过程中存在的问题，激发科研人员的创新积极性，提高专利转化效率，从而为贵阳市的科技创新和经济发展提供更强有力的支持。

5.1.2 建立高校与科研院所专利转化"试点"

贵阳市在推动专利转化的过程中，可以考虑选取部分具备一定条件且技术实力相对较强、专利资源丰富的高校与科研院所作为试点单位。这些试点单位在专利转化方面具有较好的基础和潜力，通过在这些单位先行先试，探索和实践有效的转化模式，能够为贵阳市高校与科研院所的专利转化工作提供宝贵的经验和借鉴。具体而言，试点单位可以在以下三个方面进行重点探索和实践。

第一，在内部管理机制方面，试点单位可以进一步完善专利管理机制，建立健全激励科研人员积极参与专利转化的政策和措施，明确科研人员在专利转化过程中的权益和责任，充分调动科研人员的积极性和主动性。

第二，在技术转让和许可方面，试点单位可以积极探索和优化操作流程，简化审批程序，提高工作效率，确保技术转让和许可工作的顺利进行。

第三，试点单位还可以加强与企业的合作，建立长期稳定的合作关系，促进产学研深度融合，加速专利的产业化进程。

通过在试点单位开展这些探索和实践，贵阳市可以逐步完善并总结出一套有效的新模式，然后以点带面，将这些成功经验和模式逐步推广到贵阳市其他高校和科研院所。这样不仅可以提高贵阳市高校和科研院所专利转移转化的整体水平，而且可以促进科技成果更好地转化为现实生产力，为地方经济社会发展提供有力的科技支撑。

5.1.3 鼓励专利开放许可

为了促进专利的有效转化和产业化，贵阳市可以建立重点和优势技术许可目录，将专利以组合的形式进行整合。这一举措旨在精准对接那些在人才和技术方面具有显著优势的高校、科研院所，以及那些虽然研发力量相对较弱，但对市场需求有着深刻理解和熟悉度的中小企业。通过开展专利许可合作，不仅能实现技术的快速转移和应用，而且为双方建立起长期合作关系提供可能，从而有效打通技术研发到产业化的全链条路径，实现互利共赢的局面。

在此过程中，如何充分发挥高校、科研院所与各类创新型企业的资源优势至关重要。贵阳市高校与科研院所作为知识和技术的源头，拥有丰富的科研成果和专业人才。企业则更贴近市场，能够快速响应市场需求并实现技术的商业化应用。通过促进这些要素的市场化配置，可以加快专利的转化和运用，使科技资源和应用场景更高效地向企业开放。

贵阳市可加强产学研用的深度融合以及与大中小企业之间的融通创新，对于提升企业的整体创新水平具有重要意义。这种合作模式能够促进知识、技术和资源的共享与交流，激发创新活力，加速科技成果的转化和产业化进程，进而推动整个产业的升级和发展。

5.1.4 搭建转化载体，推进优秀专利项目转化实施

在推动高校与科研院所专利转移转化的过程中，贵阳市可以充分利用贵州省与贵阳市知识产权中介机构的信息沟通优势。这些中介机构凭借其专业的服务能力和广泛的信息网络，能够有效发挥转化载体和牵线搭桥的作用。通过定期组织高校与科研院所的优秀专利项目推介和路演活动，可以将专利技术与企业需求进行精准匹配，实现产学研的深度对接。

在这一过程中，贵阳市可以结合专利技术的具体领域和企业的技术需求，采用市场化的运作方式，能够更有效地助力高校专利的转移转化。这不仅有助于提高专利的转化实施效果，而且能够有效解决高校与科研院所专利转化过程中面临的"最后一公里"难题。通过这种方式，可以促进高校与科研院所的专利更好地与市场需求相结合，加速科技成果的产业化进程，从而为地方经济社会发展提供有力的科技支撑。

5.1.5 完善人才评聘体系

贵阳市高校与科研院所在推动专利转移转化工作中，可以将质量和转化绩效作为核心导向，高度重视专利质量以及转化运用等关键指标。在职称晋升、绩效考核、岗位聘任、项目结题、人才评价和奖学金评定等政策制定与实施过程中，应坚决摒弃仅以专利申请量和授权量作为考核内容的简单做法，而应显著增加专利转化运用绩效在考核评价体系中的权重。高校应依据岗位设置管理的相关规定，自主设置技术转移转化系列中的技术类和管理类岗位。通过这一措施，激励科研人员和管理人员积极参与科技成果转移转化工作，为高校专利的高效转化和产业化提供有力的人才支持和制度保障。

5.1.6 优化专利资助奖励政策

在推动专利转移转化的过程中，贵阳市高校与科研院所可将工作重心放在优化专利质量和促进科技成果的有效转移转化上。为此，高校与科研院所需要调整现有的专利资助和奖励政策，停止对专利申请阶段的资助奖励，这种做法虽然在一定程度上可以鼓励专利申请的数量，但不利于提升专利的质量和实际应用价值。同时，高校与科研院所可减少或逐步取消对专利授权的奖励，这种奖励方式虽然在一定程度上认可了专利的授权成果，但同样存在忽视专利质量和转化效果的问题。

取而代之的是，高校与科研院所可以采用"后补助"的方式，即通过提高专利转化收益的比例对发明人或团队进行奖励。这种方式能够更加直接地激励科研人员关注专利的实际应用和市场价值，鼓励他们将更多的精力投入专利的转化和产业化过程中。通过这种方式，不仅能提高专利的质量，而且能够促进科技成果的快速转移转化，从而更好地实现高校与科研院所科研成果的社会价值和经济价值。

5.2 促进专利转化机制的建立与完善

为了鼓励开展研发创新，增加科技成果的有效供给，贵阳市可以从以下四个方面着手。

第一,激励科研人员和企业积极开展技术研发与创新活动,通过政策引导和资金支持,激发创新活力。

第二,强化技术创新的需求导向,确保研发活动紧密围绕市场需求展开,提高科技成果的实用性和市场竞争力。

第三,开展科技成果的精准对接活动,促进科研成果与产业需求的深度融合。

第四,建立科技成果信息发布和共享机制,打破信息壁垒,促进科技成果的广泛传播和共享,提高科技成果的利用效率。

在加速知识流动和技术转移方面,贵阳市可以通过建设科技成果转移转化平台来实现。具体建议包括:①支持科技创新平台的建设,为科研活动提供良好的基础设施和条件;②充分发挥产业技术研究院的协同创新作用,促进产学研用的紧密结合;③打造专业化的创新创业孵化载体,为初创企业提供全方位的支持和服务;④完善创新资源开放共享机制,提高资源利用效率;⑤完善技术市场体系,优化技术交易的环境和流程;⑥扩大技术交易的内容和方式,丰富技术市场的交易品种和模式;⑦加快培育成果转移转化服务机构,提高技术转移的专业化水平;⑧强化成果转移转化人才队伍建设,培养一批高素质的技术转移专业人才。

为给专利转化提供坚实的保障,还需要完善制度保障体系。具体建议包括:①完善落实科技奖励机制,对在科技成果转移转化中作出突出贡献的个人和团队给予表彰和奖励;②发挥科技金融服务功能,为科技成果转移转化提供资金支持;③加大知识产权运用和保护力度,维护科研人员和企业的合法权益;④营造良好科技成果转移转化环境,通过政策引导和市场机制,促进科技成果的高效转移转化,发挥科技奖励、科技金融、知识产权保护在推动科技成果转移转化中的重要作用。

5.3 有效专利运用解决路径

5.3.1 开展产学研合作

贵阳市可以通过建设产学研结合平台吸引高端创新资源落地,促进产业创新发展的重要举措，具体建议包括：①共建实验室、研究院等产学研平台；②签订合作协议，共建技术创新研究院、创新中心、实训基地；③通过培养专业化的产学研人才队伍，发挥较好的经验探索和示范带动作用；④通过搭建合作平台，加强沟通和联系，推动形成高层次、全方位、可持续的产学研合作，发挥科技合作优势，引进消化吸收国内外的科技成果并实现产业化，提升贵阳市产业竞争力和发展后劲。在产学研联动过程中，贵阳市可注重围绕区域特色和支柱产业发展，集聚和整合技术创新要素，把活跃的企业技术创新需求和高校、科研院所的科技资源、人才资源有机结合起来。

5.3.2 构建有效专利分级分类评价体系

贵阳市可鼓励推行代表作制度，实行定量评价与定性评价相结合的专利分级分类评价体系构建与运用。可以通过有效专利分级分类评价体系，筛选出高质量高价值专利，为下一步强化知识产权转移转化，提高知识产权实际收益打好基础，提高知识产权管理能力，引导高质量知识产权创造，促进技术资源的配置与整合，盘活现有专利资源，成为从知识产权"死"价值向经济价值、社会价值等"活"价值转化的核心纽带与基础支撑，从知识产权维度提高集团的核心竞争力。

5.3.3 完善专利申请前评估制度

高校与科研院所专利申请前评估工作的基本要务，就是提升专利申请的成功率。因此，贵阳市高校与科研院所可须在专利申请前通过专利查新进行新颖性和创造性核验，而法定不授予专利权的技术方案，可以通过专利代理师或知识产权顾问的专业知识进行判断。由于高校与科研院所专利申请前评估工作的中心目标是要保证递交专利申请的技术具有较大的技术价值，因此还需高校与科研院所专利申请前的法律价值和市场价值评估。高校与科研院所专利申请前评估工作的内容可分为形成技术交底书之前的战略评估、技术交底书交付专利代理师之前的技术评估、专利申请书提交给国家知识产权局之前的代理质量评估。技术交底书之前的战略评估可设置技术保护手段评估环节、专利布局计划评估环节。技术交底书交付专利代理师之前的技术评估可设置技术质量评估环节、技术市场评估环节。专利申请书提交给国家知识产权局之前的代理质量评估可设置专利申请书撰写质量评估环节、被驳回风险评估环节，上述环节为高校与科研院所科技发展决策者、专利主管部门等提供参考。值得注意的是，并非每件专利申请前都必须完整经历全部评估环节，若已有相似评估证明或因该校特色而无必要，则无须执行其中的某些环节。尽管高校与科研院所专利申请前评估制度尚处探究阶段，但高校与科研院所专利申请前评估必然会走向常态化和普及化。因此，参与这一环节的工作人员应对该全流程中时间成本、人力成本、费用成本等很多的工作细则作进一步研究，从而完善高校与科研院所专利申请前评估制度。

5.3.4 开展专利运营专项工作

贵阳市高校与科研院所可以充分利用自身设立的知识产权和技术转移中心，以及产业知识产权运营中心等专业平台，作为集中发布专利技术供给信息的重要渠道。这些平台能够有效地整合高校与科研院所的专利资源，为专利技术的供需双方提供一个高效的信息交流平台。通过这些平台，高校与科研院所能够紧密围绕重点产业的发展需求，特别是针对产业链补链、延链、强链的关键环节，积极开展关键核心技术知识产权的推广应用活动，促进技术与产业的深度融合，推动产业升级和创新发展。

贵阳市高校与科研院所可鼓励专利权人积极探索并采用或参照"开放许可"这一创新的专利许可方式。通过这种方式，专利权人可以提前明确并发布专利转让费用或许可费用的标准以及具体的支付方式等关键条件。这种透明化的操作模式，不仅能够降低专利交易的成本，提高专利转化的效率，而且能够增强市场的活力和创新的动力，促进专利技术的广泛应用和推广。

贵阳市高校与科研院所可针对中小企业的实际需求，运用专利导航这一重要工具，深入发掘符合中小企业发展需求的目标专利以及潜在的合作研发对象。在此基础上，积极开展专利池的构建工作，通过整合相关专利资源，形成具有协同效应的专利组合，提高专利的整体价值和市场竞争力。同时，大力开展专利转让许可等活动，为中小企业提供更加便捷、高效的专利获取途径。在此过程中，还应注重做好专利技术的实施指导和二次开发工作，帮助中小企业更好地吸收和应用专利技术，提升其技术创新能力和市场竞争力，从而推动整个产业生态的健康发展。

5.3.5　实施科技成果转化概念验证计划

贵阳市高校与科研院所可对其科技成果进行概念验证，即在科技成果转化前期，从众多优秀的基础研究成果中，尽可能早地识别出那些具有商业化和社会化前景的项目，并进行风险消除。贵阳市高校与科研院所可以通过现有的技术转移机构、大学科技园，率先行动，定期组织对基础研究成果进行概念验证前期评价，既评价其社会价值，也评价其商业价值。对具有社会价值或市场价值的，尽快利用高校与科研院所现有资金，进入实质性的概念验证工作，形成概念验证报告，为后续的科技成果转化奠定良好基础。概念验证中心建设可以是综合服务类型的，也可以是专业领域服务类型的。通过先行先试，可以探究出适合贵阳市高校与科研院所各阶段科技成果转化特点的概念验证中心的运行机制。

5.3.6　构建全链条制度体系

贵阳市高校与科研院所可以借鉴省外高校与科研院所在全链条制度体系构建方面的成功经验，以提升专利质量和促进转化运用为核心导向。在此基础上，全面开展专利的全景梳理工作，对现有专利进行全面地盘点和分类，深入了解每项专利的技术特点、市场潜力和应用场景。同时，进行深入的价值分析，评估专利的经济价值、技术价值和战略价值，为后续的运营决策提供科学依据。此外，贵阳市高校与科研院所还需开展运营分析，制定专利运营的具体策略和方案，明确专利运营的目标、路径和方法。

贵阳市高校与科研院所可进一步构建一个由顶层方案、管理办法和实施细则组成的全链条制度体系。顶层方案应明确专利运营的总体目标和战略方向，为整个制度体系提供指导思想；管理办法应涵盖专利运营的各个环节，包括专利申请、维护、许可、转让等，确保专利运营的规范性和有效性；实施细则应针对具体的操作流程和标准，提供详细的执行指南，确保各项管理措施能够落地实施。

贵阳市高校与科研院所可着力打造"一中心、一平台、一资金"的知识产权运营体系。"一中心"即建立专门的知识产权运营管理中心,负责统筹协调知识产权运营的各项工作;"一平台"即构建线上线下相结合的知识产权运营服务平台,为专利运营提供技术支撑和交易渠道;"一资金"即设立知识产权运营专项资金,为专利运营提供必要的资金保障。通过这一体系的建设,开展专业化的运营服务,提升知识产权运营的专业化水平和服务能力,从而推动贵阳市高校与科研院所的专利更好地转化为现实生产力,促进科技成果的产业化和市场化。

5.3.7 组建"课题组专员+专业机构人员"的专门服务队伍

贵阳市高校与科研院所可以通过组建专门服务队伍,更为专业化地开展成果转化。例如,各课题组专员可以从课题申报开始,协助课题组开展专利导航,课题进行过程中开展专利布局和专利撰写工作,课题结题后协助技术经纪人开展成果转化。贵阳市高校与科研院所对首批知识产权专员和管理员可以开展专利布局、专利导航与分析、专利撰写、专利申请、知识产权运营与转化等方面的专题培训;还可以通过有关技术创新与支持中心(TISC)、高校国家知识产权信息服务中心等校内外机构组建专兼职技术经纪人队伍,提升专业化服务能力,有针对性地深入各科研团队进行技术挖掘与推广,形成以课题组知识产权专员队伍为主,高校与科研院所专兼职技术经纪人队伍为辅的人员队伍结构,推动科技成果转移转化。

5.4 专利转化特色化推进机制

在以盘活高校与科研院所专利资产为主要目的的基础上,贵阳市可积极开展需求对接,针对不同特色产业的产业链情况、企业情况和产品定位情况,对不同专利需求主体提出专利转化特色化推进机制建议。

第一,在茶叶产业、辣椒产业、刺梨产业等农产品类产业领域,由于产业本身具备企业规模小、产品多为消费品、产业链较短、抗风险能力差的特点,因此在进行转移转化时,应将短期收益作为重点考量方向,具体到转移转化形式上看,建议以"专利转让"作为主要的转移转化形式,转移转化收益主要以专利转让费的形式体现。

第二，在电子信息制造产业、先进装备制造产业等制造类产业领域，由于产业本身具备企业规模较大、产品多为生产资料、处于产业链中下游、抗风险能力较强的特点，因此在进行转移转化时，应将中长期收益作为重点考量方向，具体到转移转化形式上来看，建议以"专利权作价入股""专利许可""专利转让"作为主要的转移转化形式，转移转化收益主要以专利转让费、股权分红、专利许可费等形式体现。

第三，在磷化工产业、铝及铝加工产业等资源类产业领域，由于产业本身具备企业规模大、产品多为生产原料、处于产业链上游、抗风险能力强的特点，因此在进行转移转化时，应将长期收益作为重点考量方向，具体到转移转化形式上来看，建议以"专利权作价入股""专利许可"作为主要的转移转化形式，转移转化收益主要以股权分红、专利许可费等形式体现。

第四，在健康医药产业等医药类产业领域，由于产业本身具备企业规模较大、产品多为消费品、处于产业链下游、抗风险能力较强的特点，因此在进行转移转化时，应将长期收益作为重点考量方向，具体到转移转化形式上来看，建议以"专利许可""专利权作价入股"作为主要的转移转化形式，转移转化收益主要以专利许可费、股权分红的形式体现。

5.5 技术研发过程中的风险识别与规避

5.5.1 风险识别

在技术研发过程中，泄露风险的识别是至关重要的一环。贵阳市高校与科研院所可通过准确识别潜在的风险点，针对性地采取措施，从而有效避免技术泄露事件的发生。

5.5.1.1 分析研发项目的特性

技术研发项目通常具有创新性、前沿性和复杂性等特点。这些特性使项目涉及的技术信息具有较高的价值，同时也增加了泄露风险。创新性意味着技术成果可能带来显著的市场优势，从而吸引竞争对手的关注和窃取行为；前沿性可能涉及尚未广泛公开的技术细节，容易成为信息泄露的高风险点；复杂性涉及多个技术环节和众多参与者，增加了信息管理的难度。因此，贵阳市高校与科研院所可以深入分析研发项目的特性，识别出可能存在的泄露风险点，确保在研发过程中对这些风险点进行有效监控和管理。

5.5.1.2 梳理研发流程

研发流程中的每个环节都可能存在泄露风险。贵阳市高校与科研院所可以全面梳理研发流程，包括项目的立项、研发实施、成果验收等各个环节，分析每个环节可能存在的泄露风险，并制定相应的防范措施。在项目立项阶段，可能会因信息的初步披露而面临风险；在研发实施过程中，数据的频繁交互和人员的流动可能导致信息泄露；而在成果验收阶段，成果的展示和评估也可能成为风险点。通过全面梳理研发流程，贵阳市高校与科研院所可以系统地识别和评估各环节的风险，从而制定出针对性的防范措施，确保研发过程的安全性。

5.5.1.3 利用技术手段

贵阳市高校与科研院所可以利用先进的技术手段来识别泄露风险。例如，通过数据分析可以监测研发过程中的数据流动情况，分析数据的异常访问和传输；网络监控可以实时观察人员的行为模式，及时发现异常行为和潜在的泄露风险。这些技术手段的应用能够为风险识别提供更加科学和精准的支持，帮助及时发现并处理可能的泄露事件，确保研发信息的安全性和保密性。

5.5.1.4 关键技术专利信息检索

关键技术专利信息检索在风险防控中扮演着至关重要的角色。贵阳市高校与科研院所可以通过检索专利数据库，可以了解已有技术的专利保护情况，从而在研发过程中避免侵犯他人的专利权，确保研发活动的合法性和安全性。专利信息检索不仅有助于避免侵权风险，而且可以为研发团队提供宝贵的参考信息，帮助他们了解行业内的技术动态和竞争态势。因此，贵阳市高校与科研院所可以将专利信息检索纳入风险防控的整体框架中，使其成为识别和评估潜在风险的重要环节，进而制定出更加全面和有效的风险应对措施。

5.5.2 风险规避措施

贵阳市高校与科研院所可以通过保密意识提升，采用数据分类分级，加强保密制度建设，强化技术保护措施，加强合作方的管理，加强知识产权保护等工作的开展，利用有效规避措施来降低风险发生的可能性。

5.5.2.1 保密意识提升

研究人员作为技术研发的主力军，其保密意识的强弱直接关系到信息的安全。贵阳市高校与科研院所可以定期开展保密教育和培训，确保每位研究人员都深刻理解保密工作的重要性，明确自己在保密工作中的责任和义务。同时，通过案例分析、模拟演练等方式，提高科研人员对泄露风险的警惕性和应对能力。这种定期的教育和培训不仅能够增强个人的保密意识，而且能在团队中形成一种积极的保密文化，促进信息安全管理的整体提升。

5.5.2.2 数据分类、分级

在技术研发过程中会产生大量的数据，这些数据中不乏敏感信息。贵阳市高校与科研院所可以制定数据分类分级制度，明确哪些数据属于敏感数据，需要特别保护。同时，通过建立数据目录，明确数据的属性、责任方和共享方式，为数据治理提供有力支撑。此外，贵阳市高校与科研院所可以加强对敏感数据的访问控制，实行最小权限原则，确保只有授权人员才能访问相关数据。通过这种方式，可以有效减少数据泄露的风险，确保敏感信息的安全。

5.5.2.3 加强保密制度建设

贵阳市高校与科研院所可以针对自身涉密项目从职责、分工、密级确定与变更、人员管理、项目论证、申报、合同订立、研制、结题、归档等全过程，设立综合性的、系统性的管理办法，在每个环节严格执行保密规定，确保信息的安全和保密。这种全面的保密制度建设不仅能规范项目管理，而且能在各个环节形成有效的保密防线，防止信息泄露。

5.5.2.4 强化技术保护措施

贵阳市高校与科研院所可以采用先进的技术手段来保护研发过程中的技术信息。例如，通过数据加密、访问控制等技术手段，可以确保技术信息在存储和传输过程中的安全性。此外，还应加强对研发环境的物理安全保护，如设置门禁系统、监控摄像头等，防止未经授权的人员进入研发区域。这些技术保护措施能够有效防止外部入侵和内部泄露，确保研发信息的完整性和保密性。

5.5.2.5 加强对合作方的管理

贵阳市高校与科研院所在与其他机构或企业合作进行技术研发时，可加强对合作方的管理。在选择合作方时，应充分考虑其保密能力和信誉度，确保合作方具备相应的保密资质和措施。同时，还应与合作方签订详细的保密协议，明确双方在保密工作中的责任和义务。在合作过程中，还应定期对合作方的保密工作进行检查和评估，确保其按照协议要求执行保密措施。通过这种方式，可以有效减少合作过程中的信息泄露风险，确保合作的安全性和有效性。

5.5.2.6 加强知识产权保护

贵阳市高校与科研院所可加强对研发成果的知识产权保护，防止技术成果被非法复制或使用。对于具有创新性和市场前景的研发成果，应及时申请专利或其他形式的知识产权保护。同时，贵阳市高校与科研院所应加强对知识产权的宣传和教育，提高科研人员对知识产权保护的认识和重视程度。通过这种方式，不仅可以保护贵阳市高校与科研院所研发成果的合法权益，而且能促进创新成果的市场化和产业化，推动技术的持续发展。

5.5.3 易侵权专利纠纷预警

专利侵权纠纷的起源是专利侵权行为，这是专利权保护中的一项内容，且有着比较复杂的法律关系。《中华人民共和国专利法》规定，未经专利权人许可，实施其专利，即侵犯其专利权，引起纠纷的，由当事人协商解决；不愿协商或者协商不成的，专利权人或者利害关系人可以向人民法院起诉，也可以请求管理专利工作的部门处理。而专利侵权预警是收集本技术领域的技术情报、整理和分析判断，对可能发生的重大专利事务及其可能产生的危害程度作出预判。贵阳市高校与科研院所可通过下列途径预防专利侵权纠纷的发生。

第一，在产品开发或技术研发期，进行专利检索。

"知己知彼，百战不殆"。为了避免诉讼风险，应当在产品的开发期就进行专利检索，以了解行业内及所开发产品的专利情况，避免在研发期间就落入侵犯他人专利的不利境地，同时也可节约产品开发时间和开发成本。

第二，通过专利回避设计，避免侵权。

在产品开发或技术研发过程中，如果发现产品或技术与他人专利有交叉之处，有可能侵犯他人知识产权，可通过研究国际贸易规则、国内外相关知识产权的法律法规，以及他人专利的请求书和说明书，对自己的产品进行改良，以避免侵权，即专利规避设计。

第三，建立预警机制，做到"未雨绸缪"。

建立预警机制是非常必要的，力求在短时间内作出应对方案。贵阳市高校与科研院所可对专利技术侵权风险的相对高低进行评估。例如，可以通过设立易侵权专利筛选评价指标的方式进行专利技术侵权风险评估。指标体系构建后可通过收集与易侵权专利筛选评价工作相关的专利信息，评价人员根据专利相关信息，依据易侵权专利筛选评价指标对专利进行筛选评价，并根据专利筛选评价结果，对专利侵权风险作出判定，提出不同侵权风险专利的处置建议。对于中风险专利，在每年进行的监控报告中对其发生的法律事件等权属、法律信息进行分析监控。对于高风险专利，在每年进行的监控报告中对其发生的法律事件等权属、法律信息进行分析监控的同时，再对相应高风险专利的相似专利的基本信息、申请人等进行分析监控。

5.6 专利组合转化应用导向目录

笔者依据本书第 3 章和第 4 章的内容，分产业构建专利组合转化应用导向目录，并对相关专利主要权利人进行总结，以供技术需求企业参考。

5.6.1 烟草产业专利组合

烟草产业可优先进行专利转移转化的专利组合详细信息如表5-1、表5-2、表5-3所示,该产业的专利权利人主要包括贵州省烟草科学研究院、贵州大学、贵州民族大学、贵州省土壤肥料研究所、贵州理工学院、贵阳学院等。

表5-1 CN202111086019.9专利组合转化应用导向目录

序号	申请号	公开（公告）号	名称	权利人
1	CN202111086019.9	CN114507747B	基于全基因组重测序和KASP技术开发的烟草SNP标记及其应用	贵州省烟草科学研究院
2	CN201810524616.7	CN108660141B	NtCNGC1基因在烟草抗青枯病中的应用	贵州省烟草科学研究院
3	CN201310594033.9	CN103642907B	利用基因芯片结合Real time PCR筛选的烟草内参基因及其方法	贵州省烟草科学研究院
4	CN201811339660.7	CN109371037B	烟草AKT1基因及应用	贵州省烟草科学研究院
5	CN201811339759.7	CN109354612B	烟草AKT2/3基因及应用	贵州省烟草科学研究院
6	CN201710157893.4	CN106834306B	烟草C2H2型锌指蛋白基因Nt540的应用	贵州省烟草科学研究院、四川大学
7	CN201810989309.6	CN108866234B	烟草eIF4E-1突变位点特异性共显性分子标记及其应用	贵州省烟草科学研究院
8	CN201811512012.7	CN109486992B	烟草eIF4E-1位点大片段缺失突变的特异性共显性分子标记及应用	贵州省烟草科学研究院
9	CN201811340505.7	CN109553665B	烟草KC1基因及应用	贵州省烟草科学研究院
10	CN201811358521.9	CN109553668B	烟草KUP1基因及应用	贵州省烟草科学研究院
11	CN201811355451.1	CN109553667B	烟草KUP2基因及应用	贵州省烟草科学研究院
12	CN201510636307.5	CN105399803B	烟草光受体基因NtPHYB1、其编码蛋白及在烟叶多酚调控中的应用	贵州省烟草科学研究院

续表

序号	申请号	公开（公告）号	名称	权利人
13	CN201610003588.5	CN105567727B	烟草糖基转移酶基因Nt-GT4在调控植物细胞分化中的应用	贵州省烟草科学研究院
14	CN201711320346.X	CN108251550B	一种HRM检测烟草镉转运基因NtHMA4突变的方法	贵州省烟草科学研究院、浙江大学
15	CN201711322924.3	CN107904323B	一种鉴定烟草低镉突变体杂交后代基因型的引物对及方法	贵州省烟草科学研究院、浙江大学
16	CN201710939902.5	CN107557437B	一种鉴定烟草低降烟碱突变体杂交后代基因型的引物对及方法	贵州省烟草科学研究院、浙江大学
17	CN201610194873.X	CN105733991B	一种解淀粉芽孢杆菌菌株及其在防治烟草白粉病中的应用	贵州大学
18	CN201610877696.5	CN106244625B	一种快速高效的农杆菌介导的烟草种子遗传转化方法	贵州大学
19	CN201610880289.X	CN107090461B	一种烟草HKT1基因及其制备方法和应用	贵州省烟草科学研究院
20	CN201811196540.6	CN109280668B	一种烟草氨基酸转运蛋白基因NtTAT及其用途	贵州省烟草科学研究院
21	CN202011506161.X	CN112592856B	一种烟草赤星病拮抗放线菌菌株及其应用	贵州省烟草科学研究院
22	CN201510859299.0	CN105543236B	一种烟草反转录转座子基因Ntrt1及其用途	贵州省烟草科学研究院
23	CN201510858859.0	CN105586346B	一种烟草基因NtTCTP及其用途	贵州省烟草科学研究院
24	CN202110686140.9	CN113234726B	一种烟草腺毛特异性启动子pNtTCP9a及其应用	贵州省烟草科学研究院
25	CN201410385968.0	CN104152532B	一种幼苗期鉴定烟草青枯病抗性的方法	贵州省烟草科学研究院

表5-2　CN201711222178.0专利组合转化应用导向目录

序号	申请号	公开（公告）号	名称	权利人
1	CN201711222178.0	CN107926409B	烟苗塑料罩便携式自动安装设备及控制方法	贵州省烟草科学研究院
2	CN201410217600.3	CN104152541B	一种快速检测转基因烤后烟叶的四重PCR引物及方法	贵州省烟草科学研究院
3	CN201410090618.1	CN103822986B	一种酶水解-气相色谱-质谱联用测定烟草中糖苷的方法	贵州省烟草科学研究院
4	CN201310396121.8	CN104413540B	密集烘烤固定方框插针装烟方法	贵州省烟草科学研究院
5	CN201910787082.1	CN110447938B	一种适用于雪茄烟叶的自动编烟机	贵州大学
6	CN201911239550.8	CN110897184B	一种上升式密集烤房烟叶烘烤时循环风机的智能变频控制方法	贵州省烟草科学研究院
7	CN201611193668.8	CN106582252B	一种烟气脱硫脱汞剂及其制备方法	贵州大学
8	CN201410579991.3	CN104458934B	一种烟草及烟草制品中水溶性糖的检测方法	贵州省烟草科学研究院
9	CN201510656219.1	CN105284452B	一种烟草抑芽剂施用方法	贵州省烟草科学研究院
10	CN202122468322.7	CN216350582U	一种烟草加潮机的在线水分检测装置	贵州民族大学
11	CN202122506087.8	CN216453322U	一种螺旋式烟草干燥机	贵州民族大学
12	CN201720990180.1	CN207185894U	一种烤烟散叶烘烤专用摊薄装置	贵州省土壤肥料研究所
13	CN202021074295.4	CN212589448U	一种烟苗追肥器	贵州省烟草科学研究院

表5-3　CN201711369328.0专利组合转化应用导向目录

序号	申请号	公开（公告）号	名称	权利人
1	CN201711369328.0	CN108101854B	一种含嘧啶结构的氨基酸酯类化合物的制备及其抗烟草花叶病毒的用途	贵州理工学院

第5章 贵阳市高校与科研院所专利转化建议

续表

序号	申请号	公开（公告）号	名称	权利人
2	CN201410173900.6	CN103931658B	保水剂与烟草青枯病菌拮抗菌在田间生产中的应用	贵州省烟草科学研究院
3	CN201711368042.0	CN108033916B	一种氨基酸酯类化合物的制备及其防治烟草病害的用途	贵州理工学院
4	CN201810416465.3	CN108647814B	一种烟草白粉病发生的预报方法	贵州省烟草科学研究院
5	CN201910970977.9	CN110622720B	一种烟草赤星病菌的接种方法	贵州省烟草科学研究院
6	CN201510682109.2	CN105309082B	一种烟草青枯病综合防控方法	贵州省烟草科学研究院
7	CN201710802860.0	CN107338323B	一种与烤烟品种TT7白粉病抗性紧密连锁的分子标记及其用途	贵州省烟草科学研究院
8	CN201710066051.8	CN106841304B	用红外图像监测烟草病害及综合评价病害程度的方法	贵阳学院

5.6.2 健康医药制造产业专利组合

健康医药制造产业可优先进行专利转移转化的专利组合详细信息如表5－4所示，专利权利人主要包括贵州中医药大学、贵州医科大学。

表5－4 CN201210365888.X 专利组合转化应用导向目录

序号	申请号	公开（公告）号	名称	权利人
1	CN201210365888.X	CN102872455B	防治冠状动脉支架植入术后再狭窄的药物及制备方法	贵州中医药大学
2	CN201210480608.X	CN103830584B	治疗椎动脉缺血性疾病的药物及其制备方法	贵州中医药大学
3	CN201922002159.8	CN211237257U	一种3D打印血管侧面开窗穿刺置入动脉鞘装置	贵州医科大学

5.6.3 生态种植产业专利组合

生态种植产业可优先进行专利转移转化的专利组合详细信息如表5-5、表5-6所示，专利权利人主要包括贵州大学、贵州民族大学、贵州农业职业学院、贵州师范学院、贵州师范大学、贵州省烟草科学研究院、贵州省农业科技信息研究所、贵州交通职业技术学院、贵州省土壤肥料研究所、贵州省水利科学研究院、贵州省生物技术研究所、贵州省草业研究所。

表5-5 CN201811267051.5专利组合转化应用导向目录

序号	申请号	公开（公告）号	名称	权利人
1	CN201811267051.5	CN109328580B	穴式施肥和盖碗安放一体机	贵州省烟草科学研究院
2	CN202020120114.0	CN211580825U	一种层间距可调的植物栽培架	贵州师范学院
3	CN201910808042.0	CN110432254B	一种基于农业种植防护的驱鸟机械	贵州大学
4	CN202020125475.4	CN212212043U	一种可对土壤排水的生物栽培装置	贵州师范学院
5	CN202020120150.7	CN211580827U	一种立体式植物栽培架	贵州师范学院
6	CN202120806356.X	CN215912818U	一种苗木栽培器	贵州民族大学
7	CN202120051832.1	CN214282473U	一种农业栽培用铺设地膜设备	贵州农业职业学院
8	CN202120376434.7	CN214384996U	一种农业种植用松土装置	贵州师范大学
9	CN202020332028.6	CN212519932U	一种农业种植用挖掘装置	贵州农业职业学院
10	CN202120376435.1	CN214390621U	一种农业种植用种子水选装置	贵州师范大学
11	CN201810690970.7	CN108793606B	一种漂浮式灌溉水源水环境净化装置	贵州大学
12	CN202022202299.2	CN212381766U	一种拼接式农作物栽培的装置	贵州省农业科技信息研究所（贵州省农业科技信息中心）、贵州省烟草科学研究院
13	CN202023275118.5	CN214190974U	一种设施农业栽培框自动存取装置	贵州大学

续表

序号	申请号	公开（公告）号	名称	权利人
14	CN201921500352.8	CN210808398U	一种用于湿地保护的种植装置	贵州民族大学
15	CN201920067479.9	CN209497832U	一种栽培用翻土、种植一体装置	贵州省草业研究所
16	CN202020072309.2	CN211832041U	一种植被多根系生长用模拟装置	贵州民族大学
17	CN202121313404.8	CN215223743U	一种植物规模化人工种植的气候室	贵州省烟草科学研究院
18	CN201920410568.9	CN209964723U	一种植物培育用植物根系存放装置	贵州民族大学
19	CN201620182300.0	CN205385763U	一种植物水培苗的栽培装置	贵州大学
20	CN202020111057.X	CN211880909U	一种植物用的松土设备	贵州民族大学
21	CN202020125473.5	CN211792739U	一种智能生物栽培装置	贵州师范学院
22	CN201920505962.0	CN209768353U	用于苗木栽培的可拆装分体使用的栽培车	贵州大学

表 5–6 CN201811371688.9 专利组合转化应用导向目录

序号	申请号	公开（公告）号	名称	权利人
1	CN201811371688.9	CN109315114B	一种可调施肥距离的定距自走穴施肥机	贵州大学
2	CN202121182930.5	CN215935551U	一种多功能电动施肥运输机	贵州大学
3	CN201910802646.4	CN110498290B	一种方便携带的农业灌溉用水管盘卷装置	贵州大学
4	CN202022124209.2	CN213586904U	一种精准农业自动灌溉施肥装置	贵州农业职业学院
5	CN202121415307.X	CN215917847U	一种具有自动旋转功能的灌溉喷头	贵州省水利科学研究院（贵州省灌溉试验中心站）
6	CN202023247389.X	CN214178059U	一种均匀施肥的农业施肥装置	贵州农业职业学院
7	CN202120488229.X	CN215935787U	一种绿化带智能灌溉装置	贵州交通职业技术学院
8	CN202120654340.1	CN214709325U	一种苗木的灌溉装置	贵州民族大学

续表

序号	申请号	公开（公告）号	名称	权利人
9	CN202020633020.3	CN214015657U	一种农业种植用液体农药配置喷洒装置	贵州省生物技术研究所
10	CN201721807380.5	CN207665471U	一种山区液态肥变量施肥设备	贵州大学
11	CN202220951314.X	CN217037934U	一种施肥装置	贵州省土壤肥料研究所
12	CN202021491625.X	CN213907484U	一种水肥灌溉车	贵州省水利科学研究院
13	CN202022206155.4	CN213280666U	一种水肥一体施肥机装置	贵州省农业科技信息研究所（贵州省农业科技信息中心）
14	CN201721378419.6	CN208159625U	一种应用于灌溉的旋转升降三角架❶	贵州大学
15	CN201821084012.7	CN208783406U	一种用于喀斯特地区的智能灌溉装置	贵州师范大学
16	CN201920410076.X	CN209787842U	一种植物培育用施肥装置	贵州民族大学
17	CN201921435126.6	CN210492005U	用于农业灌溉喷洒机构的转动盘结构	贵州大学

5.6.4 生态特色食品产业专利组合

生态特色食品产业可优先进行专利转移转化的专利组合详细信息如表5－7、表5－8所示，专利权利人主要包括贵州省检测技术研究应用中心、贵州省分析测试研究院、贵州大学、贵州省生物技术研究所、贵州省产品质量检验检测院、贵阳学院、贵阳护理职业技术学院等。

表5－7 CN202011137610.8专利组合转化应用导向目录

序号	申请号	公开（公告）号	名称	权利人
1	CN202011137610.8	CN112270389B	一种基于大数据处理的食品安全检测设备及其使用方法	贵州省生物技术研究所（贵州省生物技术重点实验室、贵州省马铃薯研究所、贵州省食品加工研究所）

---

❶ 此处"三角架"应为"三脚架"。——编辑注

续表

序号	申请号	公开（公告）号	名称	权利人
2	CN202230057540.9	CN307268549S	食品检测取样器	贵州省检测技术研究应用中心
3	CN201810610585.7	CN108845066B	一种基于物联网的食品添加剂自动检测方法及系统	贵州省产品质量检验检测院
4	CN202120998288.1	CN214988596U	一种具有自动抓取录入机构的食品安全监控管理装置	贵州省分析测试研究院
5	CN202220962473.X	CN217238016U	一种漏检率低的食品检测装置	贵州省检测技术研究应用中心
6	CN202022091419.6	CN213200622U	一种食品安全检测用样本储存装置	贵州省分析测试研究院
7	CN202123295918.8	CN217238008U	一种食品检测采样装置	贵州省检测技术研究应用中心
8	CN202122223800.8	CN215812390U	一种食品检测用安全分析装置	贵州省检测技术研究应用中心
9	CN202220835665.4	CN217221219U	一种食品检测用液体食品搅拌装置	贵州省检测技术研究应用中心
10	CN202021984302.4	CN212988915U	一种食品检测用液体食品取样装置	贵州省分析测试研究院
11	CN202120293950.3	CN215004600U	一种食品检测专用过滤装置	贵州省分析测试研究院
12	CN202121095407.9	CN214895073U	一种食品添加剂检测用的抽滤装置	贵州省产品质量检验检测院
13	CN202020915751.7	CN213162324U	一种食品微生物检测用培养皿快速清洗浸泡装置	贵州省分析测试研究院、贵州省检测技术研究应用中心
14	CN202220835663.5	CN217230742U	一种食品微生物检测装置	贵州省检测技术研究应用中心
15	CN202020107063.8	CN212196582U	一种食品卫生检测用的便携式采样储存箱	贵阳护理职业技术学院
16	CN202020107054.9	CN211581682U	一种食品卫生检测用的防漏式手套	贵阳护理职业技术学院

续表

序号	申请号	公开（公告）号	名称	权利人
17	CN201810949548.9	CN109055478B	一种通过量纲规划模型预测食品微生物的方法	贵州大学
18	CN202120293525.4	CN215004317U	一种新型食品检测取样装置	贵州省分析测试研究院
19	CN202022940130.7	CN213986421U	一种新型液态食品检测装置	贵州省分析测试研究院
20	CN202022195065.X	CN213210094U	一种用于食品检测的检验工作台	贵州省分析测试研究院
21	CN202220221409.6	CN217221603U	一种用于食品检测的样品粉碎机	贵州省检测技术研究应用中心

表5-8 CN202011139316.0专利组合转化应用导向目录

序号	申请号	公开（公告）号	名称	权利人
1	CN202011139316.0	CN112250731B	一种绿色功能因子食品制作设备及其制备方法	贵州省生物技术研究所（贵州省生物技术重点实验室、贵州省马铃薯研究所、贵州省食品加工研究所）
2	CN202130014631.X	CN306767267S	食品包装盒（筒型）	贵州农业职业学院
3	CN202230061141.X	CN307294988S	食品架	贵阳学院
4	CN202120519197.5	CN214438349U	一种发酵食品用混合调配装置	贵州轻工职业技术学院
5	CN202020456645.7	CN212023543U	一种可重复使用生鲜食品冷藏运输箱	贵阳学院
6	CN201721867644.6	CN208462932U	一种食品加工用带有自动进料机构的混合机	贵州大学
7	CN201720319200.2	CN207324563U	一种食品加工用高效混合装置	贵州大学
8	CN201720326754.5	CN206965637U	一种食品生产用粘性物料搅拌装置	贵州大学
9	CN202122280571.3	CN215832248U	一种食品用快速冷冻装置	贵州省检测技术研究应用中心

续表

序号	申请号	公开（公告）号	名称	权利人
10	CN202022151812.X	CN213699692U	一种特色食品开发原料搅拌装置	贵阳职业技术学院
11	CN201721378208.2	CN207759390U	一种新型多功能防腐塑料食品保鲜盒	贵州省产品质量检验检测院

5.6.5　食用菌产业专利组合

食用菌产业可优先进行专利转移转化的专利组合详细信息如表5–9所示，专利权利人主要包括贵州农业职业学院、贵州省土壤肥料研究所、贵州大学、贵州民族大学等。

表5–9　CN202110417104.2专利组合转化应用导向目录

序号	申请号	公开（公告）号	名称	权利人
1	CN202110417104.2	CN113198418B	一种利用食用菌菌渣制备高效除磷活性炭的方法	贵州民族大学
2	CN202030238537.8	CN306094558S	接种箱（食用菌）	贵州中医药大学、贵州省土壤肥料研究所（贵州省生态农业工程技术研究中心、贵州省农业资源与环境研究所）
3	CN202230196848.1	CN307416766S	林下食用菌栽培运输车	贵州农业职业学院
4	CN202030238538.2	CN306057787S	食用菌保藏塑料瓶	贵州省土壤肥料研究所（贵州省生态农业工程技术研究中心、贵州省农业资源与环境研究所）
5	CN202030239376.4	CN306132418S	食用菌培养筐	贵州省土壤肥料研究所（贵州省生态农业工程技术研究中心、贵州省农业资源与环境研究所）

续表

序号	申请号	公开（公告）号	名称	权利人
6	CN202030239357.1	CN306058522S	食用菌栽培浮床	贵州中医药大学、贵州省土壤肥料研究所（贵州省生态农业工程技术研究中心、贵州省农业资源与环境研究所）
7	CN202030238526.X	CN306113739S	食用菌栽培瓶	贵州中医药大学、贵州省土壤肥料研究所（贵州省生态农业工程技术研究中心、贵州省农业资源与环境研究所）
8	CN201810352974.4	CN108419609B	一种基于核桃壳/粕的食用菌菌包在菌种栽培中的应用	贵州大学
9	CN202020230718.0	CN211861315U	一种食用菌接种打孔机构	贵州农业职业学院
10	CN202020281937.1	CN211745842U	一种食用菌接种装置	贵州农业职业学院
11	CN202020230727.X	CN211657043U	一种食用菌净化接种台	贵州农业职业学院
12	CN201922341469.2	CN211671702U	一种食用菌立体多层栽培容器	贵州省中国科学院天然产物化学重点实验室（贵州医科大学天然产物化学重点实验室）
13	CN202020230715.7	CN211745841U	一种食用菌液体接种插棒机	贵州农业职业学院
14	CN202121651215.1	CN215223581U	一种食用菌遮阴保湿种植棚	贵州省生物研究所
15	CN202021347728.9	CN212911055U	一种食用菌种植放置架	贵阳职业技术学院
16	CN202020235982.3	CN211909604U	一种用于修复森林生态环境的施肥装置	贵州民族大学
17	CN201921731814.7	CN210808416U	一种植物-外生菌根真菌互作研究的栽培试验装置	贵州大学
18	CN202120014502.5	CN214339091U	一种自走式食用菌微喷加湿器	贵州大学
19	CN201310089981.7	CN103145501B	用于栽培食用菌的培养基料及其制备方法	贵州省土壤肥料研究所

5.6.6 软件信息技术服务产业专利组合

软件信息技术服务产业可优先进行专利转移转化的专利组合详细信息如表 5-10、表 5-11 所示，专利权利人主要包括贵州大学、贵阳信息技术研究院、贵州财经大学、中国科学院软件研究所、贵州师范大学。

表 5-10 CN202011318255.4 专利组合转化应用导向目录

序号	申请号	公开（公告）号	名称	权利人
1	CN202011318255.4	CN112600791B	面向理性用户的秘密重构方法、计算机设备、介质及终端	贵州财经大学
2	CN202011497921.5	CN112653687B	DDoS 检测环境下差分进化的 SDN 网络特征提取方法	贵州大学
3	CN201711093878.4	CN107707343B	加解密一致的 SP 网络结构轻量级分组密码实现方法	贵州大学
4	CN201610567942.7	CN105959115B	面向多方容错授权的公开可验证大数据交易方法	贵州大学
5	CN202011530024.X	CN112637202B	一种 SDN 环境下基于集成小波变换的 LDoS 攻击检测方法	贵州大学
6	CN202110006804.2	CN112787822B	一种大属性集下的基于 SM9 的属性加密方法及系统	贵州大学
7	CN201810574634.6	CN108768617B	一种基于传统分组密码的保持格式加密方法	贵州大学
8	CN201911004437.1	CN111049644B	一种基于混淆激励机制的理性公平秘密信息共享方法	贵州财经大学
9	CN202011549414.1	CN112769770B	一种基于流表项属性的采样及 DDoS 检测周期自适应调整方法	贵州大学
10	CN201811037457.4	CN109286497B	一种基于区块链的不记名投票和多条件计票的方法	贵阳信息技术研究院、中国科学院软件研究所
11	CN202010415623.0	CN111770050B	一种基于区块链技术的传感器接入及数据传输装置	贵阳信息技术研究院

续表

序号	申请号	公开（公告）号	名称	权利人
12	CN202010774978.9	CN111970259B	一种基于深度学习的网络入侵检测方法和报警系统	贵州大学、贵州师范学院
13	CN201810941285.7	CN109039586B	一种可恢复的保留数字类型轻量级脱敏方法	贵州大学
14	CN201710441488.5	CN107196762B	一种面向大数据的确权方法	贵州大学
15	CN202010383303.1	CN111769946B	一种面向联盟链的大规模节点扩容方法	贵阳信息技术研究院
16	CN201710404398.9	CN107276748B	一种汽车的无钥匙进入与启动系统的密钥导出方法	贵州师范大学

表5-11 CN202110569369.4专利组合转化应用导向目录

序号	申请号	公开（公告）号	名称	权利人
1	CN202110569369.4	CN113282926B	一种基于三通道图像的恶意软件分类方法	贵州师范大学
2	CN202110333207.0	CN113095988B	基于ORC采样和QGPCE变换的弥散张量图像鲁棒零水印方法	贵州大学
3	CN201611230137.1	CN106651805B	基于机器学习的图像水印去除方法	贵州大学
4	CN201410165290.5	CN103903275B	利用小波融合算法改进图像分割效果的方法	贵州大学
5	CN201610001687.X	CN105701495B	图像纹理特征提取方法	贵州大学
6	CN202010853770.6	CN112200881B	一种电机电流转化成灰度图像的方法	贵州大学
7	CN201811575477.7	CN109657690B	一种基于多变量对数高斯混合模型的图像纹理特征提取及识别方法	贵州师范大学
8	CN202110327153.7	CN113095987B	一种基于多尺度特征学习的弥散加权图像的鲁棒水印方法	贵州大学

续表

序号	申请号	公开（公告）号	名称	权利人
9	CN201910923365.4	CN110705440B	一种基于神经网络特征融合的胶囊内镜图像识别模型	贵州大学
10	CN202010853759.X	CN112200214B	一种基于图像识别和卷积神经网络的PMSM多故障诊断方法	贵州大学
11	CN202011501882.1	CN112488132B	一种基于语义特征增强的细粒度图像分类方法	贵州大学

5.6.7 磷化工产业专利组合

磷化工产业可优先进行专利转移转化的专利组合详细信息如表5-12所示，专利权利人主要包括贵州大学、贵州师范大学、贵州省材料产业技术研究院、贵阳学院。

表5-12 CN201611081229.8专利组合转化应用导向目录

序号	申请号	公开（公告）号	名称	权利人
1	CN201611081229.8	CN106750525B	一种复合阻燃剂的制备方法	贵阳学院
2	CN201210328836.5	CN102786694B	联苯二酚聚磷酸酯阻燃剂及其制备方法和用途	贵州师范大学
3	CN201410818201.2	CN104744813B	一种受阻酚类季鏻盐改性蒙脱土协效无卤膨胀阻燃剂的制备方法及应用	贵州师范大学
4	CN201711125311.0	CN107739453B	DOPO衍生物阻燃剂及其制备方法和应用	贵州省材料产业技术研究院
5	CN201810411236.2	CN108610510B	磷杂菲磷腈复配阻燃剂、复合材料及其制备方法和应用	贵州省材料产业技术研究院
6	CN201810712551.9	CN108929706B	一种制酸联产铝镁复合阻燃剂的方法	贵州大学

续表

序号	申请号	公开（公告）号	名称	权利人
7	CN201810712860.6	CN108976479B	一种磷石膏和赤泥制酸联产发泡聚氨酯专用阻燃剂的方法	贵州大学
8	CN201810712669.1	CN108976503B	一种磷石膏和粉煤灰制酸联产橡胶阻燃剂的方法	贵州大学

5.6.8 先进装备制造产业专利组合

先进装备制造产业可优先进行专利转移转化的专利组合详细信息如表5-13所示，专利权利人主要包括贵州师范大学、贵州大学、贵州轻工职业技术学院、贵州装备制造职业学院。

表5-13 CN201811164714.0专利组合转化应用导向目录

序号	申请号	公开（公告）号	名称	权利人
1	CN201811164714.0	CN109263612B	一种基于物联网的智能新能源汽车蓄电池输送装置	贵州师范大学
2	CN201620256122.1	CN205484735U	一种基于DSP的电动汽车蓄电池监测系统	贵州大学
3	CN201510418531.7	CN104953676B	一种太阳能汽车电池控制系统及控制方法	贵州大学
4	CN201620144534.6	CN205396167U	一种用于转运电动汽车电池箱的推车	贵州大学
5	CN201730031876.7	CN304313776S	电动汽车电池箱	贵州大学
6	CN201910679331.5	CN110379969B	一种新能源电动汽车电池的组装外壳	贵州大学
7	CN201920709661.X	CN209658362U	一种用于新能源汽车电池组的循环风冷装置	贵州大学
8	CN201921975683.7	CN211601440U	一种新能源汽车动力电池回收的干燥装置	贵州轻工职业技术学院
9	CN202020708240.8	CN211719675U	一种新能源汽车电池组防护装置	贵州交通职业技术学院

续表

序号	申请号	公开（公告）号	名称	权利人
10	CN202120744839.1	CN214957171U	一种具有散热结构的新能源汽车电池盒	贵州装备制造职业学院
11	CN202121200723.8	CN214750723U	一种新能源汽车电池状态监测装置	贵州装备制造职业学院
12	CN202121443619.1	CN214988009U	一种新能源汽车电池回收运转机构	贵州轻工职业技术学院

5.6.9 铝及铝加工产业专利组合

铝及铝加工产业可优先进行专利转移转化的专利组合详细信息如表5-14所示，专利权利人主要是贵州大学。

表5-14 CN201810715453.0专利组合转化应用导向目录

序号	申请号	公开（公告）号	名称	权利人
1	CN201810715453.0	CN108715937B	一种高铁赤泥与磷石膏的综合利用工艺	贵州大学
2	CN201810711201.0	CN108484174B	一种利用磷石膏和赤泥制酸联产多孔碳化硅陶瓷的工艺	贵州大学
3	CN201810711189.3	CN108755249B	一种赤泥和磷石膏制滤清器滤纸阻燃处理剂联产酸的方法	贵州大学
4	CN201810712942.0	CN108793362B	一种制酸联产纺织印染废水絮凝剂的工艺	贵州大学
5	CN201810712226.2	CN108797202B	一种利用磷石膏和赤泥制酸联产环保阻燃纸板的方法	贵州大学
6	CN201810712412.6	CN108823415B	一种磷石膏和赤泥制酸联产不锈钢超精抛光蜡的工艺	贵州大学
7	CN201810712597.0	CN108862517B	一种利用磷石膏和赤泥制酸联产重金属处理混凝剂的工艺	贵州大学

续表

序号	申请号	公开（公告）号	名称	权利人
8	CN201810712860.6	CN108976479B	一种磷石膏和赤泥制酸联产发泡聚氨酯专用阻燃剂的方法	贵州大学
9	CN201810712887.5	CN109081997B	一种磷石膏和赤泥制酸联产低烟无卤塑料填充剂的方法	贵州大学
10	CN201810712517.1	CN109096698B	一种制酸联产树脂基阻燃复合材料的方法	贵州大学

5.7 专利挖掘布局与高价值专利培育

在专利挖掘布局与高价值专利培育方面，针对贵阳市高校与科研院所技术创新产出主要基于课题研究的特点，本节以课题全流程跟踪为基本原则，以技术价值与法律价值的提高来实现市场/经济价值为基本思路，从课题立项前、课题实施中、课题完成后三个阶段作为着眼点进行专利挖掘，对产出的高价值技术科学地进行专利布局。

5.7.1 课题立项前的查新及环境调查

贵阳市高校与科研院所在课题立项前，先明确了课题研究方向、研究目标，初步确定研究的技术手段，预估研究的最终成效，并通过表格形式呈现。对已明确的研究内容，从中提取关键词，构建检索式，对研发的新颖性进行评估，并针对新颖性给出结论。根据查新检索结论，具备新颖性时，研究内容沿用原方案；不具备新颖性时，则对研究方向、技术手段进行调整以满足新颖性要求。对具有新颖性的研究内容，对其相应技术方向的产业、技术、知识产权环境进行分析，了解技术发展的热点、难点、空白点与主要竞争对手。

5.7.2 课题实施中的监控与专利布局设计

贵阳市高校与科研院所在课题实施中，对研发技术相关的产业、技术、知识产权环境进行定期监控，并根据监控结果对专利布局方式、策略进行预先设计，包括专利组合策略研究、专利布局形式。

在课题实施过程中，为了确保研发技术能够适应不断变化的市场和技术环境，贵阳市高校与科研院所有必要对与研发技术相关的产业动态、技术发展趋势和知识产权环境进行定期监控。这种监控机制能够及时发现潜在的市场机会和风险，为研发方向的调整提供依据。基于监控结果，可以对专利布局的方式和策略进行预先设计，以确保专利布局能够有效支持研发目标和商业战略。

贵阳市高校与科研院所对专利布局策略的设计包括了多个方面。例如，进行专利组合策略的研究，这涉及对现有专利资产的评估和整合，以及对未来专利申请的规划，以形成一个协同作用的专利组合。这种组合可以增强专利的市场价值和法律效力，为技术的商业化提供更有力的保护。同时，研究不同的专利布局形式，如防御性布局、进攻性布局或混合布局，以适应不同的市场和技术竞争环境。防御性布局侧重于保护核心技术，防止竞争对手的侵权；进攻性布局旨在通过专利许可或诉讼等方式获取经济利益；混合布局则是两者的结合，根据具体情况灵活运用。

贵阳市高校与科研院所的专利布局策略还考虑了专利的地域分布、技术领域覆盖、专利申请的时机和顺序等因素。合理的地域分布可以确保技术在全球主要市场得到保护，而全面的技术领域覆盖则可以防止竞争对手在相关领域绕过专利保护。同时，把握好专利申请的时机和顺序，可以最大化专利的商业价值和法律效力。

总体来说，通过定期监控研发技术相关的产业、技术、知识产权环境，并根据监控结果对专利布局方式进行预先设计，可以提高专利布局的科学性和有效性，为研发技术的商业化和市场竞争力提供有力支持。

5.7.3 课题完成后的专利布局与专利培育

贵阳市高校与科研院所在课题完成之后，依据监控结果与对专利布局方式和策略的预先设计，着手开展专利挖掘及布局工作。这项工作涉及的内容广泛，主要包括：①对专利布局策略的深入分析，以确保专利布局能够精准地契合技术发展的方向和市场需求，从而最大化地发挥专利的商业价值和法律效力；②涵盖自由实施检索（FTO），通过全面检索现有专利文献，排查技术实施过程中可能面临的专利障碍，为技术研发和产品上市提供法律依据，降低侵权风险；③专利侵权评估，对自身技术与他人专利之间的潜在冲突进行细致评估，提前制定应对策略，以保障技术应用的合法性和安全性。通过这些细致且全面的工作，可以为技术成果的知识产权保护筑牢根基，为其后续的商业化应用铺平道路。

5.7.4 专利挖掘布局与高价值专利培育方案建议

从上述分析来看，贵阳市高校与科研院所有效专利中价值最高的核心专利只占有效专利的10%左右，高价值专利总量有待提高。聚焦到具体产业领域来看，仪器仪表制造、专用设备修理、专用仪器仪表制造、通用设备修理、电气设备修理未有低价值专利。化工、木材、非金属加工专用设备制造，专用设备修理，印刷、制药、日化及日用品生产专用设备制造核心专利占比较高。

因此，在后续的专利挖掘与高价值专利培育过程中，针对仪器仪表制造、专用设备修理、专用仪器仪表制造、通用设备修理、电气设备修理产业领域，可适当开展专利挖掘工作，及时保护核心技术方案，形成核心专利促进产业核心竞争力的提升。针对核心专利占比较大的三大产业领域，化工、木材、非金属加工专用设备制造，印刷、制药、日化及日用品生产专用设备制造领域在开展专利挖掘、培育高价值专利工作的同时，应注意专利新颖性、创造性的申请前的评定，以及专利布局时非正常专利申请的规避；针对专用设备修理领域，可加大专利挖掘及高价值专利培育力度。

在贵阳市重点产业中，健康医药制造产业、食用菌产业、铝及铝加工产业、奶产业、蔬菜产业、生猪产业、中药材产业、生态种植产业、磷化工产业、软件信息技术服务产业专利分级分类评分较高，表明上述产业专利价值平均得分较高，具备高价值专利产出潜能。因此，这些重点产业可作为后续高价值专利培育工作开展的方向，重点开展专利挖掘工作，发掘高价值技术方案，针对核心专利技术进行保护，并开展专利布局工作，形成高价值专利组合。针对专利分级分类评分有待提高的烟草产业、生态特色食品产业、优质粮食产业、水果产业、先进装备制造产业、电子信息制造产业、新能源汽车产业、水产品产业、刺梨产业、石斛产业、辣椒产业、茶产业、生态家禽产业、禽蛋产业，在开展专利布局、专利申请工作的同时，应注意专利价值的提升。其中，先进装备制造产业、电子信息制造产业、新能源汽车产业技术要求较高，专利质量的提升尤为重要。

5.8 专利可实施性提升路径

我国对专利可实施性的评价主要从产业应用性和实用性两个方面进行评价，一方面要求发明创造必须在产业上具有可实施性，强调那些无法实现、缺乏可再现性，以及未达到实用程度的发明均不能被授予专利权；另一方面还要求发明创造必须能够产生积极的技术效果，其中包括积极的技术、经济和社会效果，排除那些完全无益、明显脱离社会需要的发明。

从报告评价结果来看，贵阳市高校与科研院所的专利在专利可实施性上均相对较低，结合我国对专利可实施性评价的整体方向，对于专利可实施性提升建议整体采取强化高校、科研院所与企业联合研发，完善研发预期评价的方式进行。

5.8.1 强化高校、科研院所与企业联合研发

贵阳市高校与科研院所存在一个普遍现象，即科研成果与企业实际需求之间存在一定程度的不匹配。这种不匹配导致高校与科研院所的技术研发成果及其对应的专利在产业应用方面的表现不尽如人意，产业应用性相对较弱。针对这一现状，为提升专利的产业应用性，可考虑从以下两个方面着手。

第一，在科研项目的立项阶段，高校与科研院所应积极主动地与企业进行沟通协调。通过与企业的深度交流，明确企业在技术层面所面临的问题、技术难点，以及产业化过程中遇到的瓶颈等关键因素，这些因素往往对企业实现产业化目标有着重大影响。通过在科研前期就直接介入企业需求，能够确保科研工作的方向与企业的实际需求紧密相连，从而有效保证研发工作的效率和质量。这种紧

密的对接有助于提高科研成果转化为实际生产力的可能性,进而提升相应专利的产业应用性,使其更有可能在市场中得到广泛应用和认可。

第二,要进一步完善高校、科研院所与企业联合开展研发活动的产业化机制。可以考虑以政府为引导核心,以产业化研究中心和科技办公室为两个主要分支,构建起一个"1+2"的政策保障机制,为高校、科研院所与企业联合研发机构的科技成果产业化提供坚实的支持和保障。在此基础上,通过实施多样化的利益分配模式可以:①确保参与各方能够在产业化过程中获得合理的回报;②建立动态的协调分工机制,根据项目的不同阶段和需求灵活调整各方的工作职责;③制定双向的人员激励措施,激发科研人员和企业员工的积极性和创造力;④拓展风险投资的多渠道来源,为产业化项目提供充足的资金支持;⑤建立"投入产出"评价反馈机制,对产业化过程进行持续监测和评估,及时发现问题并加以改进。通过这些综合性的机制建设,可以有效提高高校和科研院所科技成果的产业化率,从而提升相应专利的产业应用性,使其更好地服务于经济社会发展。

5.8.2 完善研发预期评价

在贵阳市乃至全国范围内,高校与科研院所在开展技术研发活动时,通常以解决具体的技术问题为核心目标,重点聚焦于研发的技术效果,力求在技术层面取得突破和创新。然而,在这一过程中,相对而言,对于技术所可能带来的经济效益与社会效益的关注度则稍显不足,特别是在一些尚属空白点的科研领域,这种情况更为突出。值得注意的是,经济效益和社会效益往往是企业和政府部门在考量科研成果时最为关注的两个关键方向。

鉴于此,为了更好地推动科研成果的转化与应用,建议高校与科研院所在科研项目的立项阶段,对预期成效中的经济效益和社会效益评价给予更高的权重,将科研项目中的技术效益与经济效益、社会效益置于同等重要的地位进行综合考量。通过在科研立项之初就充分考虑技术的经济和社会价值,确保科研产出不仅在技术层面具有先进性,同时也能在经济和社会层面产生积极的影响,从而提高科研成果的实际可实施性。进一步而言,这也将有助于提升相应专利的可实施性,促进科技成果更好地转化为现实生产力,为经济社会发展提供更有力的科技支撑。

参考文献

[1] 郭卜铭. 我国高校专利技术成果转化问题及对策研究 [J]. 国际公关, 2019 (9): 255 - 256.

[2] 王肃, 高裕韬. 问题与对策: 我国高校专利成果转化模式重塑研究 [J]. 青岛科技大学学报 (社会科学版), 2021 (4): 110 - 115.

[3] 高淑环. 高校专利转化中存在的主要问题及其策略分析 [J]. 智库时代, 2021 (7): 83 - 84.

[4] 郭垠利. 产城融合视域下贵阳医药产业发展路径探究 [J]. 现代商贸工业, 2021 (21): 1 - 2.

[5] 陈实, 张泊帆. 基于专利数据的西部高校科研成果转化问题及对策研究 [J]. 中国发明与专利, 2022 (12): 5 - 17.

[6] 李国威, 崔玥晗, 班艳丽, 等. 农业科研院所科技成果转化存在的问题与对策 [J]. 农业科技与装备, 2022 (3): 74 - 75.

[7] 贾雷坡, 张志旻, 唐隆华. 中国高校和科研机构科技成果转化的问题与对策研究 [J]. 中国科学基金, 2022 (2): 309 - 315.

[8] 黄灿, 徐戈, 李兰花, 等. 中国高校和科研院所科技成果转化制度改革: 基于专利技术交易数据的分析 [J]. 科技导报, 2020 (24): 92 - 102.

[9] 张燕. 科研院所科技成果转化的问题与对策研究 [J]. 中国新技术新产品, 2020 (12): 135 - 137.

[10] 唐丹蕾, 王琦. 科研院所与高校科技成果转化问题与建议 [J]. 中国发明与专利, 2020 (2): 92 - 98.

[11] 胡淑娟. 青海省高校科研院所专利转化现状问题及对策研究 [J]. 科技资讯, 2019 (12): 186 - 188.

[12] 萧建秀, 王晓辉. 高校、科研机构科技成果转化中存在的问题和对策 [J]. 中国经贸导刊 (中), 2018 (32): 86 - 88.

[13] 陈欣. 科研院所科技成果转化问题及对策 [J]. 长春师范大学学报, 2018 (6): 156 - 157.

［14］张静薇. 我国高校专利成果转化问题及对策研究［J］. 新西部，2017（21）：94-95.

［15］杨美成. 高校专利成果转化过程中的"逆向选择"问题及对策研究［J］. 江苏科技大学学报（社会科学版），2009（4）：25-27.

［16］李丽. 制约专利技术转移的因素分析［J］. 河南科技，2018（15）：25-27.

［17］魏太琛，刘敏榕，陈振标. 高校专利技术转移转化价值影响因素实证分析：基于11所一流高校专利转移转化数据［J］. 图书情报工作，2022（9）：103-116.

［18］郭喜泉. 广东高校与科研院所的专利工作：现状、问题、建议［J］. 科技管理研究，1999（1）：6-9.

［19］胡冬艳. 高校专利转化的现状、瓶颈及对策研究［J］. 中国多媒体与网络教学学报（中旬刊），2021（9）：205-207.

附录1 贵州省（以贵阳市为主）专利转化相关政策

序号	政策名称	发布日期
1	贵州省人民政府国有资产监督管理委员会关于印发《关于引进战略投资者深度实施股权改革的意见》的通知	2013年7月23日
2	中共贵州省委 贵州省人民政府关于加强科技创新促进经济社会更好更快发展的决定	2013年6月19日
3	贵州省教育厅关于印发《省教育厅关于提升高等学校科技创新和服务能力的若干意见》的通知	2012年11月8日
4	贵州省人民政府关于贯彻落实国发2号文件精神促进金融加快发展的意见	2012年5月24日
5	贵州省人民政府关于印发贵州省2012年国民经济和社会发展计划的通知	2012年2月16日
6	贵州省人民政府关于加快培育和发展战略性新兴产业的若干意见	2011年9月27日
7	贵州省人民政府办公厅关于印发贵州省"十二五"新兴产业发展规划的通知	2011年1月30日
8	贵州省知识产权局、省经济和信息化委员会关于印发《贵州省中小企业知识产权战略推进工程实施方案》的通知	2010年4月19日
9	贵阳市知识产权局、市经济贸易委员会、市科学技术局关于推进贵阳市知识产权试点园区工作的意见	2008年9月1日
10	贵州省人民政府关于印发贵州省"十一五"中药现代化产业发展意见的通知	2007年4月20日
11	贵州省中医药工作联席会议关于印发《贵州省"十四五"中医药发展规划》的通知	2022年6月6日
12	贵阳市人民政府办公厅关于印发贵阳贵安高新技术企业培育工作实施方案（2022—2025年）的通知	2022年1月28日
13	贵州省促进科技成果转化条例（2024年修正）	2024年9月25日
14	人民政府关于印发贵阳贵安"强省会"五年行动科技创新实施方案的通知	2021年8月2日
15	贵阳市人民政府办公厅关于印发贵阳市2021年深化"放管服"改革优化营商环境工作要点的通知	2021年4月30日

续表

序号	政策名称	发布日期
16	贵阳市市场监管局关于印发2021年市场监管领域优化营商环境提升方案的通知	2021年4月27日
17	贵州省知识产权局关于印发2020年知识产权工作要点的通知	2020年3月25日
18	贵州省科学技术奖励办法实施细则	2018年12月7日
19	贵州省人民政府关于印发《贵州内陆开放型经济试验区建设规划》的通知	2017年7月1日
20	贵州省经济和信息化委员会关于印发《贵州省中小企业公共服务示范平台认定管理办法》的通知	2018年5月29日
21	贵州省人民政府关于进一步做好承接产业转移工作的意见	2010年12月20日
22	贵州省市场监管局关于印发《贵州省知识产权创造运用促进资助办法》的通知	2020年7月20日
23	贵州省科学技术厅（贵州省知识产权局）、贵州省商务厅、贵州省农业委员会、贵州省林业厅关于印发《贵州省知识产权对外转让审查细则（试行）》的通知	2018年8月31日
24	贵州省知识产权局关于印发《关于促进专利代理行业发展的意见》的通知	2013年2月20日
25	贵州省人民政府办公厅关于加强品牌建设的指导意见	2012年10月12日
26	贵阳市人民政府关于印发贵阳市促进科技和金融结合工作方案（2011—2015年）的通知	2012年3月22日
27	贵州省知识产权局关于印发《关于加强非公有制经济知识产权工作的意见》的通知	2010年6月29日
28	贵州省人民政府办公厅转发省劳动保障厅等部门关于促进以创业带动就业工作指导意见的通知	2009年2月26日
29	贵州省人民政府关于做好2009年节能工作的意见	2009年1月19日
30	贵阳市人民政府办公厅关于转发市《质量振兴纲要》实施委员会办公室《贵阳市"十一五"名牌发展专项规划》的通知	2006年12月21日
31	贵州省人民政府关于印发实施《贵州省中长期科学和技术发展规划纲要（2006—2020年）》若干配套政策的通知	2006年7月6日
32	中共贵州省委　贵州省人民政府关于进一步加快城镇集体经济发展的决定	1995年11月28日
33	贵阳市知识产权入股管理暂行办法	2008年1月1日
34	贵州省科学技术厅、贵州省教育厅印发关于完善科技成果评价机制的实施方案的通知	2022年6月15日
35	贵州省人民政府办公厅关于推进文化创意和设计服务与相关产业融合发展的实施意见	2015年12月17日
36	贵阳市人民政府关于印发贵阳市人民政府关于大力发展数字内容产业的意见的通知	2011年12月31日

续表

序号	政策名称	发布日期
37	贵州省知识产权局关于印发《贵州省知识产权高质量发展资助办法》的通知	2024年4月15日
38	贵州省商务厅等8部门关于推动服务外包加快转型升级的实施意见	2020年9月25日
39	中共贵州省委办公厅 贵州省人民政府办公厅关于引导和扶持百万农民工创业带动就业的意见	2011年10月22日
40	贵州省人民政府办公厅关于加快推进生态渔业高质量发展的意见	2021年12月24日
41	贵州省人民政府办公厅关于深化种业体制改革提高创新能力的实施意见	2014年8月12日
42	贵州省发展改革委等26单位关于印发《关于以新业态新模式引领新型消费加快发展的实施方案》的通知	2021年6月2日
43	贵阳市人民政府关于印发贵阳市关于进一步加快科技创新推动经济高质量发展的若干措施的通知	2020年5月7日
44	中国人民银行贵阳中心支行关于下发2010年贵州省货币信贷工作指引的通知	2010年4月15日
45	贵州省人力资源社会保障厅、贵州省发展改革委等20部门关于印发《关于劳务品牌建设的实施意见》的通知	2022年2月9日
46	贵州省大数据发展管理局、贵州省市场监督管理局关于印发《贵州省大数据标准化体系建设规划（2020—2022年)》的通知	2020年6月28日
47	贵州省财政厅关于转发《财政部税务总局科技部关于科技人员取得职务科技成果转化现金奖励有关个人所得税政策的通知》的通知	2018年6月11日
48	贵州省政府知识产权办公会议办公室关于印发2022年贵州省知识产权质押融资工作推进计划的通知	2022年3月24日
49	贵阳市人民政府办公厅关于印发贵阳市大数据标准建设实施方案的通知	2017年2月9日
50	贵州省商务厅关于印发《惠民提质推动共同富裕行动方案（2022—2025年)》的通知	2022年1月6日
51	中共贵州省委 贵州省人民政府关于新时代加快完善社会主义市场经济体制的实施意见	2021年7月16日
52	贵州省政府知识产权办公会议办公室关于印发2021年贵州省知识产权质押融资工作推进计划的通知	2021年3月30日
53	贵州省知识产权局关于开展知识产权质押融资宣传工作的通知	2020年9月4日
54	中共贵州省委组织部、贵州省人力资源和社会保障厅关于印发《专业技术人才队伍建设中长期规划（2013—2020年)》的通知	2013年7月8日
55	贵州省人民政府批转省经贸委关于鼓励和促进中小企业发展若干政策的意见的通知	2001年11月15日
56	中共贵州省委 贵州省人民政府关于实施科教兴黔战略的决定	1995年9月20日

续表

序号	政策名称	发布日期
57	贵州省人民政府关于做好当前和今后一段时期就业创业工作的实施意见	2017年10月8日
58	贵阳市人民政府印发关于进一步做好农村劳动力就地就近转移就业工作的意见的通知	2013年7月15日
59	贵州省教育厅关于印发《省教育厅（省委教育工委）关于进一步深化教育改革扩大教育开放的意见》的通知	2012年12月21日
60	贵阳市知识产权局、市经济贸易委员会、市科学技术局关于加强与技术进步有关的专利管理工作的意见	2008年9月2日
61	贵阳市人民政府办公厅关于贵阳贵安支持离岸孵化创新基地的指导意见	2021年12月15日
62	贵州省优化营商环境条例	2024年9月25日
63	贵州省人民政府办公厅关于印发贵州省营商环境优化提升工作方案的通知	2019年6月20日
64	贵州省发展和改革委员会、贵州省环境保护厅关于印发贵州省培育发展环境治理和生态保护市场主体实施意见的通知	2017年12月27日
65	贵州省人民政府办公厅关于印发《贵州省深化高等学校创新创业教育改革实施方案》的通知	2016年5月4日
66	贵州省人民政府关于推进"互联网＋"行动的实施意见	2015年10月22日
67	贵州省人民政府关于加快发展现代保险服务业的实施意见	2015年1月25日
68	贵州省大数据产业发展领导小组办公室关于加快大数据产业发展的实施意见	2014年7月10日
69	贵阳市人民政府关于印发贵阳市科技创新计划的通知	2009年10月23日
70	中共贵阳市委、贵阳市人民政府关于实施人才兴市战略加强产业人才队伍建设的决定	2012年12月31日
71	贵州省人民政府办公厅关于进一步激发社会领域投资活力的实施意见	2017年12月5日
72	贵阳市人民政府办公厅关于印发贵阳贵安做优"贵人服务"品牌打造一流营商环境攻坚行动方案（2022—2025年）的通知	2022年7月5日
73	贵州省人民政府办公厅关于印发贵州省工业企业纾困解难实施方案的通知	2022年4月22日
74	贵州省人民政府关于印发贵州省培育壮大市场主体行动方案（2022—2025年）的通知	2022年4月20日
75	贵州省人民政府办公厅关于印发贵州省2022年度优化营商环境重点任务清单的通知	2022年3月21日
76	贵阳市人民政府办公厅关于印发《贵阳市政策性信用贷款风险补偿资金池管理办法（修订）》的通知	2022年3月17日
77	贵州省科技创新领导小组印发关于推进全省高新技术产业开发区高质量发展的实施方案的通知	2021年11月13日
78	贵州省财政厅、贵州省发展和改革委员会印发贵州省"十四五"财政规划的通知	2021年11月9日

续表

序号	政策名称	发布日期
79	贵州省人民政府办公厅关于印发贵州省支持民营企业加快改革发展与转型升级政策措施的通知	2021年6月18日
80	贵阳市人民政府办公厅关于印发贵阳市全面深化服务贸易创新发展试点实施方案的通知	2020年12月1日
81	贵阳市人民政府办公厅关于印发贵阳市2020年深化"放管服"改革优化营商环境工作要点的通知	2020年7月7日
82	贵州省知识产权局、贵州银保监局关于印发贵州省推进知识产权质押融资实施方案的函	2020年3月23日
83	贵阳市人民政府办公厅关于支持规模以上制造业企业达产增产和省重大工程重点项目加快建设若干措施的通知	2020年3月4日
84	贵州省人民政府办公厅关于印发贵州省批发零售业上规提质三年行动计划（2019—2021年）等三个行动计划的通知	2019年4月10日
85	贵阳市人民政府办公厅印发关于缓解民营企业融资难融资贵的实施方案的通知	2019年3月30日
86	贵阳市人民政府办公厅关于印发贵阳市市场主体培育"四转"工程实施方案的通知	2018年12月11日
87	贵州省人民政府关于支持和规范社会力量兴办教育促进民办教育健康发展的实施意见	2018年7月16日
88	中国人民银行贵阳中心支行、贵州省发展和改革委员会、贵州省经济和信息化委员会等关于支持绿色信贷产品和抵质押品创新的指导意见	2018年7月13日
89	中国人民银行贵阳中心支行、中国银行业监督管理委员会贵州监管局、中国证券监督管理委员会贵州监管局等关于推动传统金融工具绿色化转型的指导意见	2018年7月12日
90	贵阳市人民政府办公厅关于印发《贵阳市加快内陆投资贸易便利化建设工作方案》等五个工作方案的通知	2018年5月18日
91	贵州省人民政府办公厅关于印发贵州省推进普惠金融发展实施方案（2016—2020年）的通知	2017年12月29日
92	贵州省高新技术产业发展条例	2007年9月24日
93	贵阳市政府办公厅关于印发贵阳市促进大健康医药产业加快发展实施方案（2017—2020年）的通知	2017年10月24日
94	贵阳市人民政府关于印发贵阳市创建充分就业城市工作意见的通知	2017年10月13日
95	贵州省人民政府办公厅关于印发《贵州省开展仿制药质量和疗效一致性评价工作方案》的通知	2017年3月8日

续表

序号	政策名称	发布日期
96	贵州省大数据发展领导小组办公室关于印发《贵州省数字经济发展规划（2017—2020年）》的通知	2017年2月6日
97	贵州省人民政府办公厅关于印发贵州省发挥品牌引领作用推动供需结构升级实施方案的通知	2016年11月30日
98	贵州省人民政府办公厅关于加快绿色金融发展的实施意见	2016年11月22日
99	贵阳市人民政府办公厅关于印发贵阳市加快检验检测认证服务业发展实施方案的通知	2016年4月1日
100	贵州省市场监督管理局关于印发2021年全省市场监管工作要点的通知	2021年3月24日
101	贵州省市场监管局关于印发《贵州省市场监管工作真抓实干成效明显地方督查激励措施实施办法（试行）》的通知	2020年8月25日
102	贵州省市场监管局关于印发2020年全省市场监管工作要点的通知	2020年3月5日
103	贵阳市人民政府办公厅关于印发贵阳市支持贵阳综合保税区向国家有关部委争取改革创新政策工作方案的通知	2015年2月3日
104	贵州省人民政府印发《贵州省关于加快推进新医药产业发展的指导意见》《贵州省新医药产业发展规划（2014—2017年）》的通知	2014年8月1日
105	贵阳市人民政府办公厅关于印发贵阳大数据产业行动计划的通知	2014年5月14日
106	贵州省人民政府印发《关于加快大数据产业发展应用若干政策的意见》、《贵州省大数据产业发展应用规划纲要（2014—2020年）》的通知	2014年2月25日
107	贵州省人民政府办公厅关于进一步支持台资企业发展的意见	2013年9月3日
108	贵州省人民政府关于印发2012年50项重点工作责任分工方案的通知	2012年1月19日
109	贵阳市人民政府办公厅关于贯彻落实《省人民政府关于贯彻国务院鼓励支持和引导个体私营等非公有制经济发展若干意见的意见》的通知	2006年7月6日
110	贵阳市人民政府办公厅关于印发贵阳市医药产业发展任务清单的通知	2015年6月12日
111	贵阳国家高新区管委会关于印发《贵阳国家高新区促进大数据技术创新十条政策措施（试行）》的通知	2016年5月20日
112	贵州省国民经济和社会发展第十四个五年规划和二〇三五年远景目标纲要	2021年1月29日
113	中共贵州省委关于制定贵州省国民经济和社会发展第十四个五年规划和二〇三五年远景目标的建议	2020年12月9日
114	贵州省知识产权局关于促进知识产权运用助力疫情防控阻击战的通知	2020年3月5日
115	中共贵州省委、贵州省人民政府关于推动数字经济加快发展的意见	2017年4月13日
116	中共贵阳市委关于以大数据为引领加快打造创新型中心城市的意见	2016年7月11日
117	贵州省科学技术进步条例	2025年5月29日

续表

序号	政策名称	发布日期
118	贵州省市场监管局关于印发《贵州省市场监管工作真抓实干成效明显地方督查激励实施办法》的通知	2021年12月13日
119	贵州省知识产权局关于贯彻落实2021年知识产权高质量发展年度工作指引的通知	2021年3月23日
120	贵州省知识产权局关于做好知识产权政策实施提速增效促进经济平稳健康发展工作的通知	2022年6月28日
121	贵州省知识产权局等四部门关于印发《贵州省知识产权质押融资入园惠企行动方案（2021—2023年）》的通知	2021年9月9日
122	贵州省知识产权局、贵州省财政厅关于印发《贵州省促进专利技术转化助力中小企业创新发展三年攻坚行动实施方案（2021—2023年）》的通知	2021年4月14日
123	贵州省新闻出版局关于加快推进数字出版产业发展的意见	2013年10月24日
124	贵州省知识产权局关于印发《贯彻落实〈关于加强战略性新兴产业知识产权工作若干意见〉的实施意见》的通知	2013年6月5日

附录2　贵州省促进科技成果转化条例

（2017年11月30日贵州省第十二届人民代表大会常务委员会第三十二次会议通过　根据2021年11月26日贵州省第十三届人民代表大会常务委员会第二十九次会议通过的《贵州省人民代表大会常务委员会关于修改〈贵州省水资源保护条例〉等地方性法规部分条款的决定》第一次修正　根据2024年9月25日贵州省第十四届人民代表大会常务委员会第十二次会议通过的《贵州省人民代表大会常务委员会关于修改〈贵州省保健用品管理条例〉等地方性法规部分条款的决定》第二次修正）

第一章　总　则

第一条　为规范科技成果转化活动，维护科技成果转化各方合法权益，促进科技成果转化为现实生产力，推动经济社会发展，根据《中华人民共和国促进科技成果转化法》和有关法律、法规的规定，结合本省实际，制定本条例。

第二条　本省行政区域内的科技成果转化及相关活动，适用本条例。

本条例所称科技成果转化，是指为提高生产力水平而对科技成果所进行的后续试验、开发、应用、推广直至形成新技术、新工艺、新材料、新产品和新服务，发展新产业等活动。

第三条　科技成果转化活动应当尊重科技创新和市场规律，注重经济效益、社会效益和生态效益，体现智力劳动价值分配导向，遵循自愿、互利、公平、诚实信用原则，加强知识产权保护，保障参与科技成果转化各方利益。

第四条　县级以上人民政府应当加强对科技成果转化工作的领导，将科技成果转化工作纳入国民经济和社会发展规划，组织制定促进科技成果转化的政策措施，引导建立健全以企业为主体、市场为导向、产学研深度融合的科技成果转化机制。

建立促进科技成果转化议事协调机制，研究、协调科技成果转化工作中的重大事项，制定、落实科技成果转化工作目标和措施。

第五条 县级以上人民政府科学技术主管部门负责促进科技成果转化工作。

县级以上人民政府发展改革、教育、经济和信息化、财政、人力资源社会保障、农业、商务、税务等有关部门按照各自职能分工，负责相关的促进科技成果转化工作。

第六条 县级以上人民政府对在促进科技成果转化工作中做出突出贡献的单位和个人，按照国家和省有关规定给予表彰和奖励。

鼓励企业、学术团体、行业协会、基金会及个人等各种社会力量，对在促进科技成果转化工作中做出突出贡献的单位和个人给予奖励。

第二章 组织实施

第七条 各级人民政府应当鼓励引进、扶持对经济社会发展、生态环境保护有重大价值的科技成果转化项目。鼓励科技成果优先在本省转化。

第八条 省人民政府科学技术、经济和信息化等主管部门应当建立国防科技工业成果信息与推广转化平台，推动国防科技成果与民用领域科技成果的双向转化。

鼓励和支持研究开发机构、高等院校和企业参与承担国防科技计划任务，支持军用研究开发机构承担民用科技项目。

第九条 省人民政府科学技术主管部门应当健全科技报告制度，推进科技成果完整保存、持续积累、开放共享和转化应用。

项目主管部门应当将科技报告纳入本部门管理的科技计划、专项、基金等科研管理范围，建立科技报告分类管理制度，完成科技报告分类、管理与汇交工作。

第十条 省人民政府科学技术主管部门应当通过信息服务平台及时向社会公布科技项目实施情况以及科技成果和相关知识产权信息，提供科技成果信息查询、筛选等服务。公布有关信息不得泄露国家秘密、商业秘密和技术秘密。

第十一条 地方财政资金资助的应用类科技项目，项目主管部门应当在项目合同或者课题任务书中，与项目承担单位约定转化科技成果义务，并将科技成果转化、知识产权创造与运用作为立项和验收的重要内容与依据。项目承担单位应当加强知识产权创造、管理与运用。

第十二条 地方财政资金资助的科技项目承担单位，应当按规定及时向项目主管部门提交科技报告和科技信息目录。

鼓励非财政资金资助项目的承担者提交科技报告，将科技成果和相关知识产权信息汇交到科技成果信息系统的，县级以上人民政府相关部门应当为其提供便利。

第十三条 财政资金设立的研究开发机构、高等院校应当履行以下职责，促进本单位科技成果转化：

（一）完善科技成果转化协议定价公开、重大事项集体决策等管理制度；

（二）加强对科技成果转化的管理、组织和协调，促进科技成果转化机构和队伍建设；

（三）支持本单位人员转化科技成果；

（四）保障职务科技成果完成人和转化人获得奖励和报酬；

（五）依法向有关部门提交科技成果转化年度报告；

（六）法律、法规规定的其他义务。

第十四条 职务科技成果权属单位及其科技成果完成人和参加人，应当促进职务科技成果的转化。涉及国家安全、国家利益和重大社会公共利益的职务科技成果的转化，应当符合国家和省的有关规定。

第十五条 财政资金设立的研究开发机构、高等院校可以自主转化其职务科技成果，不再审批或者备案，法律、法规另有规定的除外。转化所得收入留归单位，纳入单位预算，不上缴国库。

第十六条 财政资金设立的研究开发机构、高等院校应当通过协议定价、在技术市场上挂牌交易、拍卖等方式确定职务科技成果转化的价格。

采用协议定价方式确定转化价格的，研究开发机构、高等院校应当通知科技成果完成人参与协商，并于协议签订前，在本单位公示拟交易的科技成果名称和交易价格，公示期不少于十五日。

对协议定价拟交易的事项提出异议的，单位应当按照事先公开的异议处理程序和办法进行处理。

第十七条 财政资金设立的研究开发机构、高等院校的职务科技成果完成人、参加人，在不变更职务科技成果权属的前提下，可以向本单位提出转化该职务科技成果的申请，本单位应当给予支持，与完成人、参加人签订转化该职务科技成果的协议，明确双方的权利与义务。

第十八条 财政资金设立的研究开发机构、高等院校的专业技术人员，经所在单位同意可以离岗或者兼职从事科技成果转化活动，但不得损害所在单位的合法权益。离岗人员所在单位应当按照有关规定保留离岗人员的人事关系。

高等院校学生在本省创办科技型企业转化科技成果的，应当按照有关规定保留其学籍。

第十九条 在财政资金设立的研究开发机构、高等院校担任领导职务的科技人员取得科技成果转化收益的，所在单位应当公示其取得的收益。担任县级以上职务的领导，应当按规定向相关部门申报和备案取得的科技成果转化收益。

第二十条 鼓励和支持研究开发机构、高等院校通过签订合作研究、委托研究、技术开发、技术咨询、技术服务合同等方式，与公民、法人或者其他组织进行产学研合作，为经济社会建设提供技术支持。

第二十一条 研究开发机构、高等院校的主管部门以及财政、科学技术等相关行政部门对研究开发机构、高等院校进行绩效考核时，应当将职务科技成果、产学研项目的转化及取得的经济效益、社会效益作为重要考核指标，并将考核结果作为给予相关单位及人员科研资金支持的重要依据。

财政资金设立的研究开发机构、高等院校对承担科技成果转化项目的人员进行业绩考核时，应当将产学研合作项目的转化及取得的经济效益、社会效益作为重要考核指标。

第二十二条 财政资金设立的研究开发机构、高等院校应当将科技成果转化、技术咨询、技术服务、技术知识产权创造和运用、创新创业成效等作为职称评聘、岗位管理和考核评价的重要依据。

第二十三条 企业依法有权独立或者与其他单位和合作者联合实施科技成果转化。

企业可以通过公平竞争，独立或者与其他单位和合作者联合承担政府组织实施的科技研究开发和科技成果转化项目。

第二十四条 鼓励企业与研究开发机构、高等院校联合申报科技项目。科技项目的立项向联合申报的项目倾斜；对于企业已经投入前期研究经费，并取得一定研究成果的联合申报项目给予优先支持。

企业与研究开发机构、高等院校联合申报科技项目的，合作各方应当签订协议，依法约定合作的组织形式、任务分工、资金投入、知识产权归属、权益分配、风险分担和违约责任等事项。

第二十五条　鼓励和支持企业与研究开发机构、高等院校及其他组织，根据产业和区域发展需要，共同建设研发平台，开展技术集成、共性技术研究开发、中间试验和工业性试验、科技成果系统化和工程化开发、技术推广与示范等活动。

第二十六条　鼓励企业建立健全科技成果转化的激励分配机制，利用股权出售、股权奖励、股票期权、项目收益分红、岗位分红等激励方式与研究开发机构、高等院校科技人员开展科技成果转化。

第二十七条　县级以上人民政府应当制定相关扶持政策，通过无偿资助、贷款贴息、补助资金、保费补贴和创业风险投资等方式，支持企业加大自主创新科技成果转化与产业化投入，支持国内外高新技术成果在本省转化。

县级以上人民政府鼓励支持大数据产业发展以及生态治理与修复、生物多样性保护、工业三废与大宗固体废弃物循环利用、高效节能技术等科技成果的转化。

第二十八条　国有资产管理部门应当将国有及国有控股企业研究开发投入、科技成果转化绩效等指标纳入企业负责人经营业绩考核体系。国有及国有控股企业当年研究开发投入可以在经营业绩考核中视同利润。

第二十九条　职务科技成果转化过程中，依法确定交易价格的，单位负责人和直接责任人在履行勤勉尽责义务、没有牟取非法利益的前提下，免除其在科技成果定价中因科技成果转化后续价值变化产生的决策责任。

第三章　保障措施

第三十条　县级以上人民政府应当加大科技成果转化财政资金的投入，引导社会资金参与科技成果转化，形成多元化的科技成果转化资金投入机制。

科技成果转化财政经费主要用于下列事项：

（一）科技成果转化项目的实施；

（二）科技成果信息服务系统、科技服务机构、创新创业孵化载体的建设；

（三）科技成果转化的引导资金、补贴补助资金和风险投资；

（四）其他促进科技成果转化的事项。

科技成果转化资金应当专款专用，任何单位、个人不得挪用、截留。

第三十一条 鼓励设立科技成果转化基金，用于科技成果转化。

鼓励金融机构加大对科技成果转化的贷款力度，优先安排重大科技成果转化的贷款项目，开展知识产权质押贷款、股权质押贷款等业务，为科技成果转化提供金融支持。

鼓励保险机构为科技成果转化提供保险服务。

鼓励和支持企业通过股权交易、依法发行股票和债券等方式为科技成果转化融资。

第三十二条 县级以上人民政府科学技术、发展改革、经济和信息化、财政、税务、金融等有关单位应当按规定落实国家和本省科技成果转化的财税、金融等优惠政策，加强宣传引导，简化办事程序，为公民、法人和其他组织享受有关优惠政策提供便捷服务。

第三十三条 县级以上人民政府应当将科技成果转化纳入地方扶贫开发规划，采取有效措施推动科技成果在贫困地区的转化应用。

鼓励研究开发机构、高等院校、农业试验示范单位、企业等在贫困地区实施科技成果转化。

鼓励农业科研机构、农业试验示范单位单独或者与企业、其他单位合作，实施农业科技成果转化，提供农业生产产前、产中、产后综合配套技术服务。

第三十四条 县级以上人民政府应当培育和发展技术市场，鼓励和支持研究开发机构、高等院校、社会力量依法创办科技中介服务机构。

县级以上人民政府及其有关部门应当综合运用财政、金融等方面的措施，加强对科技中介服务机构的扶持。

第三十五条 科技中介服务机构为技术交易提供交易场所、信息平台及信息检索、加工与分析、评估、经纪等服务，应当遵循公正、客观的原则，不得提供虚假的信息和证明，对其在服务过程中知悉的国家秘密、商业秘密和技术秘密负有保密义务。

第三十六条 县级以上人民政府及有关部门应当加强科技创新服务平台、科技企业孵化器、大学科技园、众创空间等创业创新服务机构的建设和管理，为科技型中小微企业提供服务。

鼓励设立创新创业孵化载体天使投资引导基金，参股引导创新创业孵化载体、民间投资机构等共同组建天使投资基金。

研究开发机构、高等院校应当优先向创新创业孵化载体转移科技成果。

第三十七条 鼓励向高新技术企业、科技型中小微企业以及其他从事科技成果转化活动的当事人采购应用先进科技成果的产品、技术和服务。

鼓励企业使用科技成果转化形成的首台、首套重大技术装备依法参与政府采购活动。

第四章 技术权益

第三十八条 科技成果持有者可以采用下列方式进行科技成果转化：

（一）自行投资实施转化；

（二）向他人转让该科技成果；

（三）许可他人使用该科技成果；

（四）以该科技成果作为合作条件，与他人共同实施转化；

（五）以该科技成果作价投资，折算股份或者出资比例；

（六）其他协商确定的合法方式。

第三十九条 地方财政资金资助项目形成的科技成果，项目承担单位、完成人或者参加人无正当理由未能自项目验收完成之日起三年内转化、转移科技成果的，具备转化条件的单位或者个人可以向该资助资金出资部门提出转化科技成果的申请，该资助资金出资部门可以许可申请人有偿或者无偿转化。法律、法规另有规定的，从其规定。

第四十条 财政资金设立的研究开发机构、高等院校转化、转移职务科技成果所得收入，在扣除对完成、转化职务科技成果做出重要贡献人员的奖励和报酬后，主要用于：

（一）开展科学技术研发与成果转化等相关工作；

（二）保障本单位技术转移机构的运行和发展；

（三）培养本单位专业的技术转移人员。

第四十一条 职务科技成果转化、转移后，科技成果完成单位应当给予本单位下列人员奖励和报酬：

（一）对职务科技成果完成做出重要贡献的人员，即对职务科技成果的实质性特点做出创造性贡献的个人或者团队；

（二）对职务科技成果转化做出重要贡献的人员，即在科技成果的后续试验、开发、应用、推广直至产业化等活动中做出突出贡献的个人或者团队。

在完成职务科技成果过程中，只负责组织工作的人员、为物质技术条件的利用提供方便的人员或者从事其他辅助工作的人员，不属于对职务科技成果完成做出重要贡献的人员。

第四十二条 财政资金设立的研究开发机构、高等院校应当制定转化科技成果收益分配制度，并在本单位公开相关制度。依法对完成、转化职务科技成果做出重要贡献的人员给予奖励时，按照以下规定执行：

（一）以技术转让或者许可方式转化职务科技成果的，应当从技术转让或者许可所取得的净收入中提取不低于百分之七十的比例用于奖励；

（二）以科技成果作价投资实施转化的，应当从作价投资取得的股份或者出资比例中提取不低于百分之七十的比例用于奖励；

（三）将该项职务科技成果自行实施或者与他人合作实施的，应当在实施转化成功投产后连续五年，每年从实施该项科技成果的营业利润中提取不低于百分之十的比例用于奖励；

（四）在研究开发和科技成果转化中作出主要贡献的人员，获得奖励的份额不低于奖励总额的百分之五十。

前款所称净收入，是指科技成果技术合同成交额扣除完成本次交易的直接成本后的净值。

对完成、转化职务科技成果做出重要贡献的人员给予奖励和报酬的支出计入当年本单位工资总额，但不受当年本单位工资总额限制、不纳入本单位工资总额基数。对科技人员的奖励情况，应当在所在单位公示。

第四十三条 财政资金设立的研究开发机构、高等院校及其所属的具有独立法人资格单位的正职负责人，是科技成果的主要完成人或者对科技成果转化做出重要贡献的，可以依法获得现金奖励和报酬，但不能取得股权奖励；担任其他行政职务的科技人员，是科技成果的主要完成人或者对科技成果转化做出重要贡献的，可以依法获得现金、股权奖励和报酬。国家另有规定的，从其规定。

第四十四条 单位转化职务科技成果时，科技成果完成人不得阻碍转化，不得将职务科技成果及其技术资料、数据占为己有。

第五章 法律责任

第四十五条 财政资金资助的科技项目的承担单位未依照本条例规定提交科技报告和科技信息目录的，由组织实施项目的政府有关部门、管理机构责令其限期改正；逾期未改正的，予以通报批评，并禁止其在三年内承担财政资金资助的科技项目。

第四十六条 在科技成果转化活动中弄虚作假，采取欺骗手段，骗取奖励和荣誉称号、诈骗钱财、非法牟利的，由有关行政部门按其职责分工责令改正，取消该奖励和荣誉称号，没收违法所得，并处以违法所得一倍以上二倍以下罚款；属于国家工作人员的，依法给予处分。

第四十七条 科技中介服务机构及其从业人员违反本条例规定，故意提供虚假的信息、实验结果或者评估意见等欺骗当事人，或者与当事人一方串通欺骗另一方当事人的，由有关行政部门按其职责分工责令改正，没收违法所得，并处以违法所得一倍以上二倍以下罚款；情节严重的，由登记机关依法吊销营业执照。

科技中介服务机构及其从业人员违反本条例规定，泄露国家秘密、商业秘密和技术秘密的，依法承担相应法律责任。

第四十八条 研究开发机构、高等院校的职务科技成果转化、转移后，研究开发机构、高等院校未依照本条例规定给予完成、转化职务科技成果做出重要贡献的人员奖励或者报酬的，由其主管部门责令其限期改正；逾期未改正的，禁止其在三年内承担财政资金资助的科技项目，并承担相应的民事责任。

第四十九条 研究开发机构、高等院校未依照本条例规定通知科技成果完成人参与科技成果转化定价协商的，由其主管部门责令其限期改正，予以通报批评。

第五十条 研究开发机构、高等院校的职务科技成果的完成人和参加人，未与本单位签订转化协议即开展职务科技成果转化的，应当承担相应的民事责任。

职务科技成果的完成人不向本单位提交职务科技成果及其资料、数据的，应当承担相应的民事责任。

第五十一条 政府有关部门及其工作人员在科技成果转化中滥用职权、玩忽职守、徇私舞弊或者挪用、截留科技成果转化资金，尚不构成犯罪的，对直接负责的主管人员和其他直接责任人员依法给予处分。

第六章 附 则

第五十二条 本条例自 2018 年 1 月 1 日起施行。1997 年 5 月 26 日贵州省第八届人民代表大会常务委员会第二十八次会议通过的《贵州省促进科技成果转化条例》同时废止。

附录3　贵州省知识产权创造运用促进资助办法[1]

第一章　总　则

第一条　为充分发挥财政资金的引导和激励作用，持续推进知识产权创造、运用，促进知识产权高质量发展，结合贵州省实际，制定本办法。

第二条　本办法涉及的知识产权资助资金（以下简称"资助资金"）是指从省级财政安排的支持知识产权高质量创造及运用专项资金中，统筹用于支持专利、商标、地理标志、集成电路布图设计、植物新品种等知识产权的创造、运用促进的资金，资助资金管理按照《贵州省支持知识产权高质量创造及运用项目和专项资金管理办法》执行。

第三条　资助资金的使用紧紧围绕党中央、国务院及省委、省政府重大战略部署，坚持"效益优先、注重质量、重点支持、兼顾公平、事后资助、总量控制"的原则。

第四条　资助对象为贵州省行政辖区内登记注册企事业单位、社会团体及其他社会组织等，以及户籍所在地或经常居住地为贵州省内的自然人，且知识产权成果纳入贵州统计范围。

第五条　省市场监管局负责知识产权创造、运用促进资助申请的受理、审核、公告、拨付。

第二章　资助类别、范围和基本条件

第六条　资助类别分为一般资助和专项资助。

第七条　一般资助范围包括：

---

[1] 贵州省市场监督管理局于2020年7月以黔市监〔2020〕17号发文通知该办法。——编辑注

（一）国内发明专利授权。

（二）国内发明专利维持。

（三）国（境）外申请受理、授权确权的知识产权。

（四）地理标志确权、授权。

（五）集成电路布图设计授权。

（六）植物新品种权。

第八条 专项资助范围包括：

（一）知识产权运用项目资助。主要用于资助知识产权管理标准化建设、知识产权运用转化等。

（二）知识产权服务项目资助。主要用于资助知识产权服务业发展、执业专利代理师、知识产权师、国家级知识产权专家（人才）等。

（三）知识产权发展资助。主要用于资助国家知识产权试点或示范城市（园区）；国家知识产权强市、强县工程；国家知识产权优势或示范企业；国家知识产权试点示范高校或科研机构；国家技术与创新支持中心（TISC）、国家知识产权信息服务中心、全国知识产权服务品牌机构；全国中小学知识产权教育示范学校等国家级知识产权项目；贵州省知识产权优势企业、贵州省高价值专利、县域经济知识产权战略推进工程、地理标志产品产业化促进以及省委、省政府或上级主管部门确定的需要支持的项目。

第九条 申请资助应当符合以下基本条件：

（一）资助对象知识产权权属清晰、合法有效；

（二）资助对象近三年内无失信记录，无行政处罚记录；

（三）资助对象实际经营地址与登记或注册地址相符；

（四）其他应当符合的条件。

知识产权为多个权利人共有的，只能由第一顺序权利人提出申请。

申请一般资助的知识产权不包括通过转让获得的知识产权。

第三章 一般资助标准及办理程序

第一节 一般资助标准

第十条 对获得国家知识产权局授权的发明专利，每件一次性资助 3000 元。

第十一条 国（境）外申请受理和确权授权的知识产权资助标准为：

（一）向香港、澳门或台湾地区申请并获得确权、授权的知识产权，每件一次性资助 5000 元；

（二）通过《专利合作条约》或《商标国际注册马德里协定》向国外申请知识产权进入国家受理阶段的，每项一次性资助 5000 元；获得确权、授权的，每件再资助 1 万元，每件知识产权资助不超过 3 个国家或地区；通过逐一国家申请国外知识产权受理的，每件一次性资助 5000 元；获得确权、授权的，每件再资助 1 万元。

第十二条 对已满 6 年的授权发明专利，自缴纳第 6 年年费之日，半年内提出申请，每件一次性资助 3000 元。

第十三条 其他知识产权资助标准：

（一）对不同渠道获得确权、授权的地理标志，每件一次性资助 2 万元，不重复资助。

（二）对获得植物新品种权的，每件一次性资助 5000 元。

（三）对集成电路布图设计专用权授权的，每件一次性资助 2000 元。

第二节　一般资助申请材料

第十四条 申请一般资助应提交的基本材料：

（一）资助申请表；

（二）资助对象资格证明材料；

（三）知识产权证明材料；

（四）证明可以获得资助的其他相关材料。

第三节　一般资助办理程序

第十五条 申请。资助对象应当自知识产权确权、授权或者向国外申请知识产权进入国家受理阶段之日起，6 个月内申请办理资助事项。资助对象逾期未提交资助申请的，视为放弃。

办理资助可以登陆❶"贵州政务服务网"选择"贵州省市场监督管理局"进

---

❶ 此处"登陆"应为"登录"。——编辑注

行网上申报，审核通过后应当在 7 个工作日内，将申请材料纸质件以邮寄或窗口递交方式报送至省政府政务服务中心省市场监管局服务窗口，逾期不报，视为放弃申请资助。

第十六条 审核。省市场监管局对申请资料于每年 1 月、7 月进行 2 次集中审核，审核时可以要求资助对象在 7 个工作日内提供相关材料的原件进行核实，逾期不提供的，资助申请审核不予通过。

第十七条 公告。经审核通过的资助名单在省市场监管局门户网站进行公告。

第十八条 资金拨付。资助对象应当自公告发布之日起 15 个工作日内向省市场监管局提交加盖财务专用章收款收据和银行开户许可证及开户银行行号，逾期未提交的，视为放弃资助。

第四章 专项资助标准及办理程序

第一节 专项资助标准

第十九条 知识产权管理标准化建设资助标准。资助对象首次通过知识产权管理体系认证之日起，一年内提出申请的，一次性资助 3 万元。

第二十条 知识产权运用转化资助标准：

（一）购买知识产权保险的保费金额在 2 万元以上的，一次性资助 3000 元。

（二）向银行机构申请知识产权质押贷款的，按照贷款市场报价利率（LPR）的 50% 给予贴息资助，每个资助对象最高资助 20 万元，提前还本付息的，以实际发生的利息金额为基数参照上述标准给予资助。

第二十一条 知识产权服务业发展资助标准：

（一）经国家知识产权局批准在贵州设立满 3 年、拥有 2 名以上在贵州省备案执业的专利代理师、上年度代理贵州申请人的国内发明专利申请量 150 件以上，且发明专利授权 50 件以上的专利代理机构（含外省在贵州设立的分支机构）一次性资助 2 万元，不重复资助。

（二）在国家知识产权局商标局备案成立满 3 年，并且在代理的商标注册申请中上年度被核准的商标注册 500 件以上的商标代理机构一次性资助 2 万元，不重复资助。

（三）对获得专利代理师资格证书并首次在贵州省内专利代理机构（含外省

在贵州设立的分支机构）执业满 1 年的专利代理师，给予一次性资助 2000 元。

（四）对获得知识产权师中级以上（含中级）专业技术职称、国家级知识产权人才、受聘为国家级知识产权专家的自然人，给予一次性资助 2000 元。

第二十二条　知识产权发展资助标准：

（一）对获得批准的国家知识产权强市、国家知识产权示范城市、国家知识产权强县工程示范县、国家知识产权示范园区、国家知识产权示范企业、国家技术与创新支持中心（TISC）、国家知识产权示范高校、科研机构、国家知识产权信息服务中心、全国中小学知识产权教育示范学校等国家级项目，以及贵州省高价值专利项目、贵州省地理标志产品产业化促进项目的，给予一次性资助 50 万元。

（二）对获得批准的国家知识产权试点城市、国家知识产权强县工程试点县、国家知识产权试点园区、国家知识产权优势企业、国家知识产权试点高校、科研机构、全国中小学知识产权教育试点学校、全国知识产权服务品牌机构等国家级项目，给予一次性资助 30 万元。

（三）对贵州省知识产权优势企业、县域经济知识产权战略推进工程，给予一次性资助 20 万元。

第二节　专项资助申请资料

第二十三条　申请专项资助的资助对象应当按照第十四条规定提交基本材料，同时还应当根据专项资助的不同要求，提供相应材料。

第二十四条　申请知识产权管理标准化建设资助应当提交：

（一）知识产权管理体系认证证书；

（二）有效发明专利（植物新品种、集成电路布图设计等同于发明专利）3 件及以上，或者有效实用新型专利和外观专利 30 件及以上，或者有效注册商标 30 件及以上或者计算机软件著作权登记量达到 50 件及以上的证明材料等。

第二十五条　申请知识产权运用转化资助应当提交：

（一）申请知识产权保险保费资助的，还应提交保险合同复印件及购买保险票据等。

（二）申请知识产权质押贷款贴息资助的，还应提交国家知识产权局出具的专利权、商标权质押登记证明材料；银行机构出具的专利权、商标权质押贷款合同；已偿还银行机构贷款本金和支付相应利息的证明等。

第二十六条 申请知识产权服务业发展资助应当提交：

（一）申请知识产权代理机构资助的，应提交相应人员名单及相关资格材料、知识产权代理业务证据支撑材料、税务部门出具的在贵州纳税凭证等。

（二）申请专利代理师资格资助的，还应提交身份证复印件、专利代理师资格证明材料；从业代理机构证明；社保缴纳情况等。

（三）申请知识产权师中级以上（含中级）专业技术职称、国家级知识产权人才、受聘为国家级知识产权专家的，还应提交身份证复印件、知识产权师专业技术职称证明材料、国家局认定文件及从事知识产权工作资格证明材料等。

第二十七条 申请县域经济知识产权战略推进工程资助应当提交：

（一）县（市、区）人民政府提出的县域申请材料、知识产权战略推进工程工作方案，市（州）市场监管局出具的初审意见；

（二）知识产权拥有量及知识产权优势企业拥有量的证明材料；

（三）推动知识产权创造、运用、保护和管理等工作的证明材料。

第二十八条 申请贵州省知识产权优势企业资助应当提交：

（一）企业近三年知识产权创造、运用、保护、管理情况的材料；

（二）证明企业近三年经营情况的材料；

（三）其他能够证明企业具有知识产权优势的材料。

第二十九条 申请遴选贵州省高价值专利资助应当提交：

（一）证明该专利技术在同行业、国内、国际先进性的材料；

（二）证明该专利技术产品经济价值的材料；

（三）证明该专利技术产品质量、产品安全性的材料；

（四）其他能够证明该专利具有高价值的相关材料。

第三十条 申请贵州省地理标志产品产业化促进资助应当提交：

（一）市（州）市场监管局出具的初审意见；

（二）地理标志产品保护公告、证书等；

（三）地理标志产品标准和贯彻实施、专用标志使用、宣传推介、监督管理等情况及证明材料；

（四）近三年支持地理标志产品产业发展的地方规划、政策文件和地理标志产品产业发展的情况及取得的经济、社会效益证明材料；

（五）其他能够证明推进地理标志产品产业发展的相关材料。

第三节 专项资助办理程序

第三十一条 申请。申请时间和范围以省市场监管局当年下发通知时间为准。专项资助项目应符合国家和省产业发展方向，每年申请一次。

第三十二条 审核。为保证项目公平、公正，省市场监管局可以委托第三方对相关项目进行筛查、专家评审等，省市场监管局对第三方评估结果进行审核，保障项目实施。

第三十三条 公告和资金拨付参照一般资助的程序执行。

第五章 监督管理

第三十四条 资助对象应当对所提交材料的真实性、合法性负责，须将申请材料做脱密处理，确保涉密信息安全。对提供虚假材料及以不正当行为骗取或套取资助资金的，按照有关规定处理。

第三十五条 省市场监管局办理资助的工作人员在资助受理、审查、核实资金拨付等工作中存在失职渎职、滥用职权、玩忽职守、徇私舞弊等违法违纪行为，按照有关规定处理。

第六章 附 则

第三十六条 各市（州）市场监管局可以结合各地实际情况，研究制定本地区知识产权创造运用促进资助办法。

第三十七条 本办法由省市场监管局负责解释。

第三十八条 本办法自 2020 年 8 月 1 日起施行，《贵州省植物新品种权资助申请管理暂行办法》（黔知发〔2007〕57 号）、《贵州省专利权质押贷款贴息补助管理办法》（黔知发〔2012〕19 号）、《贵州省知识产权优势企业培育工程实施方案》（黔知发〔2012〕27 号）、《关于组织开展县域经济知识产权战略推进工程的通知》（黔知发〔2013〕28 号）《贵州省新设立专利代理机构补助管理办法》（黔知发〔2014〕74 号）、《贵州省知识产权优势企业遴选办法（试行）》（黔知发〔2018〕36 号）同时废止。

附录4　贵州省知识产权高质量发展资助办法[1]

第一章　总　则

第一条　为充分发挥财政资金的引导和激励作用，打通知识产权创造、运用、保护、管理和服务全链条，促进知识产权高质量发展，结合贵州省实际，制定本办法。

第二条　本办法涉及的知识产权资助资金（以下简称"资助资金"）是指从省级财政安排的支持知识产权高质量创造及运用专项资金中，统筹用于支持知识产权创造、运用、保护、管理和服务的资金，资助资金管理按照《贵州省支持知识产权高质量创造及运用项目和专项资金管理办法》执行。

第三条　资助资金的使用紧紧围绕党中央、国务院及省委、省政府重大战略部署，坚持"效益优先、注重质量、重点支持、兼顾公平、事后资助、总量控制"的原则。

第四条　本办法规定的资助项目，系从事我省知识产权创造、运用、保护、管理和服务，省知识产权局采取后补助、项目立项和政府采购等方式给予支持的项目。

采取后补助方式给予支持的项目，应达到本办法规定的资助条件并提供相应的印证资料。高价值核心专利培育中心、专利导航、知识产权研究、知识产权信息公共服务能力建设、知识产权公益服务、知识产权信息统计、"一事一议"等不适宜后补助方式实施的项目，按项目申报指南（通知）或政府采购规定办理。

第五条　申请资助应当符合以下基本条件：

（一）资助对象知识产权权属清晰、合法有效。

---

[1] 贵州省知识产权局于2024年4月以黔知发〔2024〕1号发文通知该办法。——编辑注

(二)资助对象无违反知识产权法律法规的违法犯罪行为,资助项目审核时在"国家企业信用信息公示系统"中的"行政处罚信息""列入经营异常名录信息"和"列入严重违法失信企业名单(黑名单)信息"栏目中无记录(资助项目审核时记录已修复或移出"国家企业信用信息公示系统"的除外);其中,"行政处罚信息"记录自作出处罚决定之日起至资助项目审核时,超过2年尚未移出"国家企业信用信息公示系统"的,不再对其资助申请进行限制。

(三)知识产权为多个权利人共有的,只能由第一顺序权利人提出资助申请。

第六条 省知识产权局负责知识产权资助申请的受理、审核、公示、资金拨付。

第二章 资助范围和标准

第七条 知识产权创造:

对经组织专家评审确定的贵州省高价值核心专利培育中心,给予50万元资助;自确定后的次年起,经组织专家年度评价合格,每年给予50万元资助,最多再资助3年。

第八条 知识产权运用:

(一)专利密集型产品备案资助。企业将授权2年内的发明专利向国家知识产权局国家专利密集型产品备案认定试点平台(https://www.zlcp.org.cn/)进行备案,被审核认定为专利密集型产品的,其每件发明专利资助5000元,同一专利密集型产品,最多资助4件发明专利。

(二)知识产权运营资助:

1. 发明专利转让许可资助。高校院所、企业等创新主体将授权发明专利首次转让或许可,属非关联交易,单笔转让或许可的实际交易到账金额在10万元及以上的,按实际交易到账金额的10%,给予转让或许可发明专利的高校院所、企业资助。同一单位年度资助总额不超过30万元,每年按实际交易到账金额从高到低排序资助不超过20家。

2. 知识产权运营服务机构资助。为授权发明专利转让、许可提供居间、交易等运营服务,转让或许可属非关联交易,按转让、许可发明专利实际交易到账金额的5%,给予提供居间、交易服务的运营服务机构资助。多家机构参与居间、交易服务,仅计算1次居间、交易服务。每家运营服务机构年度资助总额不超过30万元，每年按提供运营服务的实际交易到账金额从高到低排序资助不超过5家。

3. 知识产权运营平台建设资助。鼓励建设重点产业知识产权运营中心或者区域运营中心，打通知识产权创造、运用、保护、管理和服务全链条，推动知识产权与产业有机融合。经省知识产权局推荐并成功申报国家重点产业知识产权运营中心或者区域运营中心的单位，给予一次性资助100万元。在运营中心建设阶段，每年组织专家对运营中心的建设成效进行评价，评价合格的给予每年不超过50万元的资助，为期三年。省知识产权局经组织专家评审确定的省级知识产权运营服务机构，每家给予一次性资助30万元。

（三）知识产权质押融资资助。企业开展专利、商标质押贷款，本息还清并解除质押后，偿还借款金额达400万元以上，运用知识产权质押融资成效明显的，给予资助5万元；偿还借款金额达800万元以上，运用知识产权质押融资成效显著的，给予资助8万元。银行机构开展专利、商标质押贷款，发放贷款金额达2500万元以上，推动知识产权质押融资成效明显的，给予资助5万元；发放贷款金额达5000万元以上，推动知识产权质押融资成效显著的，给予资助8万元。企业、银行机构通过担保方式开展专利、商标质押贷款，按照上述标准给予资助。企业开展数据知识产权质押贷款，半年按期支付利息，借款金额达200万元以上，给予资助2万元；借款金额达400万元以上，给予资助5万元；借款金额达800万元以上，给予资助8万元。银行机构开展数据知识产权质押贷款，发放贷款金额达2500万元以上，给予资助5万元；发放贷款金额达5000万元以上，给予资助8万元。

（四）知识产权保险资助。购买知识产权保险的保费金额在2万元以上的，资助3000元。

（五）知识产权证券化资助。对以知识产权为基础资产公开发行资产证券化产品的融资企业给予一次性资助，资助金额为实际融资金额的2%，最高不超过200万元，每年按实际融资金额从高到低排序资助不超过2单，每年首单优先资助。参与知识产权证券化企业按照实际融资比例分享资助金额。

（六）标准必要专利资助。对在国际标准、国家标准、行业标准制定或修订中采用其核心技术并形成标准必要专利的企事业单位，每采用1件发明专利资助1万元，每项标准最多资助10万元。

（七）地理标志产品产业化促进项目资助。对列入国家地理标志运用促进重点联系指导名录的项目，给予申报单位一次性资助30万元；对贵州省地理标志产品产业化促进一般和重点项目，分别给予一次性资助50万元和100万元。

（八）地理标志产品专用标志核准使用资助。对经核准使用地理标志产品专用标志的市场主体，每家资助5000元。

第九条 知识产权保护：

（一）知识产权维权资助。鼓励专利、商标、地理标志等知识产权权利人主动维权，行政处理、司法诉讼或仲裁程序终结，其维权请求获得支持的，对权利人的合理维权费用给予一次性资助。国内维权每件资助1万元，涉外维权每件资助10万元，同一权利人同一权利类型，每年最多资助1件。国内维权每年按申请资助先后顺序资助不超过100件，涉外维权每年按申请资助先后顺序资助不超过10件。调解机构成功调解司法或行政机关移送的知识产权纠纷案件，每件资助1000元，同一调解机构每年最多资助10万元。

（二）知识产权保护体系建设资助。对国家知识产权局批准设立的知识产权保护中心给予一次性资助200万元，国家知识产权保护示范区和快速维权中心给予一次性资助100万元，国家地理标志保护示范区给予一次性资助50万元，国家级知识产权保护规范化市场给予一次性资助8万元。对省知识产权局确定的贵州省知识产权维权援助分中心给予一次性资助30万元，贵州省知识产权维权援助工作站给予一次性资助10万元，省级知识产权保护规范化市场给予一次性资助5万元。

第十条 知识产权管理：

（一）知识产权强国建设资助。对获得批准的国家知识产权强国建设示范城市给予一次性资助200万元，试点城市、示范县（园区）给予一次性资助100万元，试点县（园区）给予一次性资助50万元。对获得省级以上督查激励的市（州）给予资助20万元，县（市、区）给予资助10万元（三年内不重复资助）。对贵州省县域（园区）经济知识产权战略推进工程给予资助30万元。资助资金拨付至城市（县、园区）所在地的知识产权主管部门，规范用于知识产权工作。

（二）国家级示范资助。对获得批准的国家知识产权示范高校和科研机构、全国中小学知识产权教育示范学校，以及国家知识产权局组织开展的其他示范项目，给予一次性资助50万元。对获得批准的国家知识产权示范企业，给予一次性资助 20 万元。

（三）国家级试点资助。对获得批准的国家知识产权试点高校和科研机构、全国中小学知识产权教育试点学校，以及国家知识产权局组织开展的其他试点项目，给予一次性资助 30 万元。对获得批准的国家知识产权优势企业，给予一次性资助 10 万元。

（四）省级知识产权优势企业资助。对经组织专家评审确定的贵州省知识产权优势企业给予一次性资助 20 万元。

（五）知识产权管理体系建设资助。拥有非转让取得有效发明专利 3 件及以上的企业或高校院所，首次通过《企业知识产权合规管理体系要求》（GB/T 29490—2023）认证并运行满 1 年，给予一次性资助 2 万元；首次通过《科研组织知识产权管理规范》（GB/T 33250—2016）、《高等学校知识产权管理规范》（GB/T 33251—2016）认证并运行满 1 年，给予一次性资助 5 万元。专利代理机构（不含分支机构）首次通过《专利代理机构服务规范》（GB/T 34833—2017）认证并运行满 1 年，给予一次性资助 5 万元。国家知识产权优势示范企业或国家专精特新"小巨人"企业，支付评价费用后开展《创新管理 知识产权管理指南》（ISO 56005）评价，首次通过评价并取得相应成效，给予评价费用 80%、最高不超过 8 万元资助。

（六）"一事一议"项目资助。对本办法未规定但确需组织实施的项目，实行"一事一议"。经局党组会议审议通过后，根据项目的实际情况，按照项目实际需要进行资助。

第十一条 知识产权服务：

（一）知识产权服务体系建设资助。对获得批准的国家技术与创新支持中心（TISC）、国家知识产权信息服务中心，给予一次性资助 50 万元；对国家知识产权信息公共服务网点、专利导航服务基地、贵州省知识产权信息公共服务能力建设项目，给予一次性资助 30 万元；对全国知识产权服务品牌机构、贵州省知识产权信息公共服务网点项目，给予一次性资助 20 万元；对省级商标品牌指导站，工作成效明显的，给予资助 20 万元。

（二）专利代理机构资助。经国家知识产权局批准在我省设立满 3 年、拥有 2 名以上在我省备案执业的专利代理师、上年度代理我省国内发明专利授权 50 件以上的专利代理机构（含外省在我省设立的分支机构），给予一次性资助 5

万元。

（三）商标代理机构资助。在国家知识产权局商标局备案在我省成立满3年，上年度代理我省商标核准注册500件以上的商标代理机构，给予一次性资助5万元。

（四）知识产权人才资助。对获得专利代理师资格证书并从事知识产权工作的自然人，资助2000元。对获得知识产权师并从事知识产权工作的自然人，中级职称资助2000元，高级职称资助5000元。

（五）知识产权研究资助。对承担省知识产权局组织开展的贵州省重大经济活动知识产权分析评议、专利导航、知识产权战略研究项目的承担单位，每个项目资助15万元；重点专项导航、重点知识产权战略研究，每个项目资助30万元。

（六）知识产权公益服务资助。知识产权服务机构帮助100家以上企业开展知识产权管理制度制定、战略规划编制、专利技术挖掘、商标品牌指导、知识产权申请与维护、许可转让、知识产权评估、知识产权维权援助、知识产权标准制定宣贯等公益服务一年以上，给予20万元资助。

（七）评审咨询服务资助。参与项目评审、考核、验收，技术调查官提供技术咨询等评审咨询服务，费用按照《省财政厅关于印发〈省级评审咨询专家劳务费预算支出标准（试行）〉的通知》（黔财编〔2023〕26号）规定办理。

第三章 申请资助需要提交的资料

第十二条 申请本办法规定的资助资金，应当提交《贵州省知识产权资助项目申请表》，并根据本办法对各类资助项目规定的具体要求，提交相应印证资料。

根据国家知识产权局和省知识产权局文件办理的资助项目，不用提交《贵州省知识产权资助项目申请表》。

根据省知识产权局印发通知申报的资助项目，按照通知要求提交申报资料。

第十三条 资助资金10万元及以上的资助项目，申请资助时应当提交由第三方机构出具的申请资助前用于知识产权工作经费的审计报告。根据国家知识产权局文件明确的资助项目、知识产权运营、知识产权证券化等不适宜提交审计报告的资助项目除外。在资助时未能提交第三方审计报告的，可在资助项目涉及的工作完成后提交第三方审计报告。

第十四条 申请知识产权运用资助应当提交：

（一）申请知识产权运营资助，应当提交发明专利转让、许可合同，国家知识产权局转让登记、许可备案，转让、许可资金票据，居间、交易服务等印证资料。

（二）申请知识产权保险保费资助，应当提交保险合同及购买保险票据复印件。

（三）申请知识产权证券化资助，应当提交知识产权证券化产品发行相关印证资料，企业实际融资情况印证资料。

（四）申请标准必要专利资助，应当提交标准文本、标准采用专利情况说明及印证资料。

第十五条 申请知识产权保护资助应当提交：

申请维权资助应当提交行政处理决定书、判决书、仲裁决定书，申请调解资助应当提交调解书、司法或行政部门移送调解函等印证资料。

第十六条 申请知识产权管理资助应当提交：

（一）国家知识产权强国建设试点示范城市（县、园区）、县域（园区）经济知识产权战略推进工程，应当提交城市（县、园区）政府（管委会）制定印发的知识产权强国建设试点示范、知识产权战略推进工程实施方案。

（二）申请知识产权管理体系认证及评价资助，应当提交知识产权管理体系认证及评价证书复印件、知识产权管理体系运行印证资料、《创新管理 知识产权管理指南》（ISO 56005）取得相应成效印证资料。企业、高校院所还应提交非转让取得的有效发明专利3件及以上清单（专利代理机构除外）。

第十七条 申请知识产权服务资助应当提交：

（一）专利导航服务基地资助应当提交服务方案。

（二）申请专利商标代理机构资助，应当提交代理人员名单及相关资格资料、专利商标代理业务印证资料、纳税凭证复印件。

（三）申请专利代理师资格资助，应当提交身份证复印件、从事知识产权工作印证资料。

（四）申请知识产权师专业技术职称资助，应当提交身份证复印件、知识产权师专业技术职称、从事知识产权工作印证资料。

第四章 资助办理程序

第十八条 申请资助时间。申请本办法规定的资助资金，应当在具备资助条件之日起6个月内申请办理资助事项。逾期申请的，原则上不予资助，特殊情况经省知识产权局审核同意的除外。

第十九条 申请办理方式：

（一）按照通知要求申请资助项目。申请贵州省知识产权优势企业、贵州省高价值核心专利培育中心、省级知识产权运营服务机构、贵州省县域（园区）经济知识产权战略推进工程、贵州省地理标志产业化促进、知识产权质押融资、知识产权分析评议、专利导航、知识产权研究、知识产权信息公共服务能力建设、知识产权公益服务、贵州省知识产权信息公共服务网点以及"一事一议"项目资助的时间及相关要求，以省知识产权局下发的通知为准。

（二）省知识产权局直接办理资助项目。根据国家知识产权局文件或省知识产权局文件资助的项目，由省知识产权局根据国家知识产权局文件或省知识产权局文件直接办理资助。本办法第八条第（一）项、第（八）项资助项目，由省知识产权局直接办理资助。

（三）自行申请办理资助项目。申请本条第（一）、（二）项规定以外的其他资助项目，申请人应当自行将《贵州省知识产权资助项目申请表》及相关印证资料装订成册，直接送交省知识产权局经办处室。《贵州省知识产权资助项目申请表》格式及经办处室信息详见本办法政策解读。

第二十条 审核。省知识产权局对申请资料于每年1月、7月进行两次集中审核。必要时，也可以根据申请资助情况，及时进行审核。

对于具有竞争性的资助项目，为保证资助项目公平、公正，必要时，省知识产权局可通过组织专家评审或者委托第三方对相关项目进行筛查，对资助项目进行审核。

第二十一条 公示。经省市场监管局党组会议审议通过的资助名单在省市场监管局门户网站（amr.guizhou.gov.cn）进行公示。公示时间为5个工作日。

第二十二条 资金拨付。公示期满无异议或异议不成立的，资助对象应当自公示期届满之日起10个工作日内向省市场监管局提交加盖财务专用章的收款收据，并附银行开户许可证复印件及开户银行行号资料办理资金拨付。

第五章 监督管理

第二十三条 省知识产权局结合年度资助项目情况,按照"资金跟着项目走"的原则,科学合理编制资助资金预算,保证年度资助工作所需必要的经费预算。如因当年资助政策变化等客观原因造成现有资金预算存在不足的,由省知识产权局商省财政厅统筹现有预算按专项资金管理办法有关规定办理。遇政策调整无预算安排的项目,不再予以资助。不同资助项目之间,按程序审批后可以适当进行调剂使用。

第二十四条 资助对象应当对所提交资料的真实性、合法性负责,须将申请资料做脱密处理,确保涉密信息安全。对提供虚假资料及以不正当行为骗取或套取资助资金的,按照有关规定处理。

第二十五条 省知识产权局办理资助的工作人员在资助受理、审核、资金拨付等工作中存在失职渎职、滥用职权、玩忽职守、徇私舞弊等违法违纪行为的,按照有关规定处理。

第六章 附 则

第二十六条 各市(州)知识产权局可以结合各地实际,研究制定本地区知识产权高质量发展资助办法,落实知识产权工作部署。

第二十七条 本办法由省知识产权局负责解释。

第二十八条 本办法自印发之日起实施。《省知识产权局关于印发〈贵州省知识产权高质量发展资助办法〉的通知》(黔知发〔2023〕1号)同时废止。